图 9　葡萄白粉病

图 10　葡萄褐斑病

图 11　葡萄根癌病

图 12　葡萄酸腐病

图 13　葡萄房枯病

图 14　葡萄穗轴褐枯病

图 15　葡萄缺锈病

图 16　葡萄扇叶病

图 17　葡萄卷叶病

图 18　葡萄茎豆病

图 19　葡萄栓皮病

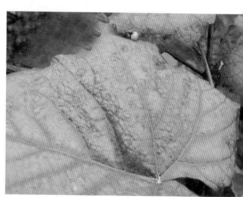

图 20　葡萄黄斑病

图 21　金龟子

图 22　斑叶蝉

图 23　葡萄缺节瘿螨

图 24　透羽蛾

图 25　斑衣蜡蝉

图 26　东方盔蚧

图 27　十星叶甲

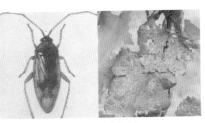

图 28　绿盲蝽

图 29 蓟马

图 30 虎天牛

图 31 根瘤蚜

图 32 虎蛾

图 33 红蜘蛛

图 34 葡萄罐子病

图 35 葡萄日灼病

图 36 葡萄气灼病

葡萄高效栽培技术

主 编　于景华　李　欣
副主编　陈亚芹　袁顺东
编　委　温桂梅　袁开慧　李荣和
　　　　郭正英　李素洁　孙　宁
　　　　袁世利　孙玉芹

科学技术文献出版社
SCIENTIFIC AND TECHNICAL DOCUMENTATION PRESS
·北京·

图书在版编目（CIP）数据

葡萄高效栽培技术 / 于景华，李欣主编. —北京：科学技术文献出版社，2015.5

ISBN 978-7-5023-9607-7

Ⅰ.①葡… Ⅱ.①于… ②李… Ⅲ.①葡萄栽培 Ⅳ.① S663.1

中国版本图书馆 CIP 数据核字（2014）第 271331 号

葡萄高效栽培技术

策划编辑：乔懿丹 责任编辑：李 洁 责任校对：赵 瑷 责任出版：张志平

出 版 者	科学技术文献出版社	
地 址	北京市复兴路15号 邮编100038	
编 务 部	（010）58882938，58882087（传真）	
发 行 部	（010）58882868，58882874（传真）	
邮 购 部	（010）58882873	
官 方 网 址	www.stdp.com.cn	
发 行 者	科学技术文献出版社发行 全国各地新华书店经销	
印 刷 者	北京时尚印佳彩色印刷有限公司	
版 次	2015 年 5 月第 1 版 2015 年 5 月第 1 次印刷	
开 本	850×1168 1/32	
字 数	174千	
印 张	7.25 彩插4面	
书 号	ISBN 978-7-5023-9607-7	
定 价	19.00元	

前　言

　　我国适宜发展葡萄生产的地域较多,南从夏季炎热的海南、云南,北至冬季寒冷的黑龙江、内蒙古,东至台湾省、广东省,西到新疆、西藏,都有葡萄生产栽培,各地都有大面积的山丘荒地、盐碱沙滩和城乡闲散空地,均可开发栽培葡萄。各地群众也都有栽培葡萄的宝贵经验,同时还有鲜食、制酒、制汁、制干的优良品种资源,这些都是搞好葡萄生产及其加工业的基础。目前各主要葡萄产区都已有不同规模的葡萄加工业,已经生产出许多国际名牌产品,如长城牌葡萄酒、白兰地、新疆的葡萄干等,都畅销国内外市场。特别是近年来,随着我国农村产业结构的调整,市场需求量的增长,城乡人民生活水平的提高,全国各地都把发展葡萄生产作为调整农村产业结构和促进农民脱贫致富的有效途径之一。

　　为了适应农业产业结构的调整和市场的要求,满足葡萄栽植者的需要,笔者结合多年从事葡萄生产和科研的经验,在参考相关资料的基础上编著了本书,在编写过程中力求内容丰富、科学实用、通俗易懂、可操作性强,以期对我国葡萄产业的发展和提高种植技术水平起到一定的促进作用。在编写过程中对参考资料的原作者表示衷心的感谢。

　　由于作者水平有限,书中不当之处敬请广大读者和同人批评指正。

编者

目　　录

第一章 良种葡萄生产概述

葡萄属葡萄科落叶藤本植物葡萄的果实,又称蒲桃、蒲萄、草龙珠,是世界上四大水果(柑橘、葡萄、香蕉、苹果)之一,可制成葡萄汁、葡萄干和葡萄酒。

葡萄品种很多,全世界约有上千种,总体上可以分为食用葡萄和酿酒葡萄两大类。世界栽培品系有欧亚品系及美洲品系两大系统,根据其原产地不同,分为东方品种群及欧洲品种群。我国华北、西北葡萄产区的"龙眼"、"玫瑰香"、"无核白"、"马奶子"均属欧亚葡萄,品质好,产量高,但抗病性和抗寒性较弱;美洲葡萄抗病、耐湿耐寒,但果实品质低劣,"康可"就是其中一种。近年培育的欧美杂种葡萄如"巨峰"等品种,果实品质较好,接近欧洲葡萄,而且抗病性和抗寒性强。

葡萄营养丰富,具有较高的医疗价值,富含各种维生素、多种酶和人体所必需的氨基酸等。葡萄及其制品在医疗保健上有补肾、提神、降压、开胃之功效。现在大量的研究报告还指出,适量饮用葡萄酒,尤其是红葡萄酒,能够减少脂肪在血管里的沉积,减少心血管疾病的发生,同时红葡萄酒对斑疹、伤寒病原体、痢疾杆菌具有致死作用。

近年来随着我国农村产业结构的调整,市场需求量的增长,城乡人民生活水平的提高,全国各地都把发展葡萄生产作为一项调整农村产业结构和促进农民脱贫致富的一种有效途径,葡萄栽培面积和产量均呈逐年增加趋势,葡萄及其加工品的保健作用,日益受到重视,发展前景非常广阔。

第一节 发展良种葡萄生产的意义

葡萄栽培之所以受到广大生产者的重视,是和葡萄生产本身固有的特点紧密相关的。

1. 适应性强,分布广

葡萄是一种适应性很强的落叶果树,全世界从热带到亚热带、温带几乎到处都有葡萄的分布。葡萄对气候、土壤的适应性大大强于其他各种果树,甚至在瘠薄的山地、滩地,只要注意土壤的改良,都能发展葡萄生产并获得良好的经济效益。在我国,从台湾、福建到西藏,从黑龙江到海南,几乎各省(自治区、直辖市)都有葡萄的栽培。

葡萄属于蔓生植物,在人为的整形修剪下,它可向不同的方向延伸生长,从而有效地利用各种土地和空间。同时,葡萄除了适宜于露地栽培,也是一种适宜设施栽培的果树,在设施栽培中葡萄能随人为条件的改变,相应提早或延迟成熟采收时期,延长葡萄的鲜果供应时期,从而获得更高的经济收益。

2. 栽培容易,见效快

葡萄容易栽培,从育苗到栽植,从管理到保鲜贮藏,各项技术都容易掌握和普及,群众形容葡萄栽培是"一学就会,一栽就灵"。

葡萄花芽容易形成,在良好的管理条件下,都能实现一年定植养蔓、二年开花结果的经济效益,是其他果树远不能比拟的。

3. 营养丰富,用途多

葡萄果实营养成分丰富,不仅含有一般果品所共有的糖、酸、矿物质,而且含有与人类健康密切相关的生物活性物质,如叶酸、维生素等。近年来研究表明,葡萄中含有的白黎芦醇和多种维生素,对防治癌症和心血管疾病有良好的辅助作用,葡萄现已成为国际公认的重要保健果品。

葡萄用途很广,除了果实可以鲜食、制酒、制汁、制干、制罐外,加工剩余的种子和皮渣还可提炼单宁和高级食用油以及化工原料;尤其是用葡萄酿制的葡萄酒,是世界上重要的饮料酒,随着我国酒类结构由粮食酒向果酒转变和人们对葡萄酒保健功能的认识,葡萄酒的消费量逐年增加,发展酿酒葡萄生产,前景十分广阔。同时,葡萄叶也是一种良好的饲料;葡萄种子可以榨油,从葡萄种子中提取的"葡乐安"已成为重要的保健药品,并已投入应用;葡萄根也可入药。

第二节　我国葡萄生产现状

改革开放以来,葡萄产业的发展十分迅速,葡萄栽培和加工已成为许多地区促进经济发展、增加农民收入的一种途径。

1. 栽培面积不断增加,产量稳步增长

近 20 多年来,葡萄栽培面积和产量迅速增长。据世界葡萄、葡萄酒协会统计,在世界葡萄生产国中,我国鲜食葡萄栽培已成为世界第一大生产国。

2. 栽培区域不断扩大,栽培方式多种多样

随着葡萄新品种选育和栽培技术的发展,葡萄栽培区域迅速扩大,已成为我国分布最为广泛的果树种类之一。葡萄栽培方式的多样化是我国葡萄栽培发展的一个重要表现,目前葡萄栽培方式已从单纯的露地栽培发展到设施促成栽培、设施延后栽培及设施避雨栽培、一年两熟等多种方式。

3. 栽培区域逐步集中,科学管理水平不断提高

近年来,随着种植业结构的不断调整,葡萄生产布局区域集中,目前已基本形成东北中北部葡萄栽培区、西北部葡萄栽培区、黄土高原葡萄栽培区、环渤海湾葡萄栽培区、黄河故道葡萄栽培区、南方葡萄栽培区、云贵川高原葡萄栽培区等相对集中的栽培区域。葡萄优质、无公害、标准化栽培新技术的推广应用,整形修剪、病虫害综合防治、配方施肥等新技术的普及推广,显著地促进了我国葡萄质量和品质的提高。

4. 葡萄产业链不断完善,出口创汇能力逐年提高

葡萄产业链的延伸和完善是我国葡萄产业发展的一个重要标志,近年来,鲜食葡萄保鲜贮藏日趋发展,葡萄酒酿造的产品质量和信誉逐年提高,许多品牌在国际葡萄酒大赛中屡屡获胜。

第三节　发展葡萄生产应注意的问题

目前,我国葡萄生产已进入一个以发展无公害、标准化、生产优质葡萄果品的新时期,这对推进葡萄生产,促进农村产业结构的调整,实现农业生产产业化将产生深远的影响。为了赶上世界葡萄生产和酿造的先进水平,促进我国葡萄生产的健康发展,在发展葡萄生产时必须注意一些相关问题。

1. 品种问题

葡萄优良品种是生产优质鲜食葡萄和酿造高档葡萄酒、葡萄汁的基础。

(1)鲜食品种:主要是果粒大小整齐,平均粒重 8 克左右、果穗紧凑、果粒着生紧密度适中、果皮颜色鲜艳。红色品种如红意大利、红地球等品种;紫红色品种如玫瑰香、京秀、凤凰 51 等品种;紫黑色品种如巨峰、藤稔、秋黑等品种;乳黄色品种如奥古斯特、茉莉香等品种;黄绿色品种如白玫瑰、维多利亚、香妃等品种,这些品种的果实肉质细密、皮薄肉脆、甜酸适口、有香气、无裂果、不掉粒、较耐贮运。

(2)酿造品种:酿造品种是生产葡萄酒的原料,酒厂生产的葡萄酒种类和等级不同,对葡萄品种和质量要求也不同。如酿造高档红葡萄酒必须用优良的红色品种,如赤霞珠、品丽珠等;生产优质白葡萄酒必须用白色优良品种,如霞多丽、意斯林等品种。品种良种化必须在科学试验的基础上实行,合理调整品种结构。

2. 技术问题

在发展葡萄中两个问题最为关键,一是品种,二是技术。在葡萄栽培过程中,不同时期,其技术重点也有不同,如建园时,定植保活技术是重点;成活以后,确保苗壮生长是技术重点;植株成形后,控制营养生长,促其生理生长是技术重点;葡萄结果后,保果不烂是技术重点。在葡萄全程管理中,防病治病是自始至终的重点。种植葡萄要从宏观上认识不同时期的技术重点,并且掌握这些技术,那么就会在全程管理中掌握了主动权,在不同时期认真操作,就不会有大的失误。

3. 气候问题

我国地域广大,南方、北方气候有所不同,总的来讲,南方高温多湿,若露地栽葡萄,这就应注重选择以欧美杂种为主的抗病、丰产性好的品种;北方气候主要是冬季气温低,低者可达-35℃,这就要注重选择耐寒的品种;而西部,如新疆、甘肃天旱无雨,则应注意选择抗干旱品种。如果设施栽培,也要选择适合设施栽培的相关品种。

4. 土质问题

葡萄的适应性很强,虽然如此,还是应力争选择微酸、微碱土壤为好。在当地有条件的,最好选择山坡地、河滩地。这些地,往往被废弃不种,开好定植沟,多放些有机质肥料,生产出的葡萄品质往往优于平坦土地。因为这些地矿物质含量高,通透性好。

5. 苗木纯度、质量问题

不少果农因引种苗木时,图苗价低廉而找错了供苗单位,或买到假苗,或买到杂苗,或买到病弱苗,都会严重影响种植计划和效益。这就需要在种葡萄前,认真考察、了解供苗单位。最好通过考察对比,到有品种示范园、有育苗基地、有技术的正规单位引苗。

6. 销售问题

至于销售办法,销售渠道,是多种多样的。少量种植,零售即可;规模种植,可在当地农贸批发市场批发。许多果品经销商也会上门来要货,地头批发。若种出精品果,则直销超市。晚熟品种可以贮藏,待至元旦、春节和春季销售,不仅调节了市场,自己也会获得高利润。

目前国内葡萄种植者中有一部分为追求葡萄提早上市,避免因成熟期集中、产品积压而在葡萄还没有充分成熟时就采摘上市，造成果实品质相对较差。因此为了调节市场，实现葡萄周年供应，防止产品集中成熟而造成的销售压力，鲜食葡萄的保鲜贮藏及包装必须引起葡萄种植者的足够重视。目前我国葡萄加工产业发展迅速，在这种情况下，生产可以和葡萄酿酒厂、制汁厂相结合，按照企业的要求生产优质、符合要求的果品，形成企业加农户、产销、加工一条龙的形式，提高葡萄种植者的保障及经济效益。

第二章 葡萄的植物学 特性及主要品种

葡萄种植后 2～3 年开始结果,一般寿命多为 30～40 年,冬季寒冷地区因下架埋土防寒,经济寿命为 20 年左右,因此,要进行枝蔓更新,延长结果盛期,才能提高经济效益。

第一节 葡萄的植物学特征

一、根系

葡萄根系因起源和繁殖方式不同,可分为自生根系和实生根系。两种类型根系组成的结构有所不同,生产上用插条、压蔓繁殖的树称自根树,其根系是由插条的下半部的不定根形成各级侧根和幼根,称为自生根系;而杂交育种及用种子实生繁殖的砧木苗木称为实生苗,其根系由种子胚根发育而成,有 1 条较垂直的主根,上部又分生各级侧根、幼根,称为实生根系。

葡萄根的主要功能是把植株固定在土壤中,以便从土壤里吸收养分和水分,并能贮存营养物质,以及合成生理活性物质,如各种激素等,向植株上部输送营养,使其生长与结果。

二、葡萄茎(蔓)

葡萄树上部的茎,被称为蔓,它包括主干、主蔓、侧蔓、结果母枝和新梢。茎(蔓)的主要功能是支撑植株攀缘向上生长扩大树冠,并贮存、运输、传导养分和水分,以及繁殖无性系后代和开花、结果。

1. 主干

从地面往上到分枝处称为主干。

2. 主蔓

由主干上分生的永久性分枝称主蔓。

3. 侧蔓

由主蔓上分生的枝,即着生在主蔓上的多年生蔓,以及每年修剪后残留的积累部分称侧蔓。

4. 结果母枝

着生在主蔓或侧蔓上的一年生成熟枝条,冬剪后准备在其上着生结果枝和营养枝。

5. 新梢

在结果母枝上冬芽萌发后抽出的枝都叫新梢,其上带有花序的叫结果枝,无花序的叫发育枝或营养枝。新梢是由顶梢、节、节间、芽、卷须、花序、副梢和叶片等组成。

6. 副梢

在新梢叶腋间的夏芽萌发抽生的枝,称为副梢。它又分夏芽副梢和冬芽副梢。

（1）夏芽副梢：由新梢叶腋间的夏芽生长出的新梢称为夏芽副梢，即第一次副梢。由第一次副梢叶腋上的夏芽抽生的新梢称为第二次副梢，生长季节长的地区可生长出第三、第四次副梢。在生长期较长的地区，树体营养状况较好时，有些品种夏芽的副梢也带有花序，用于多次结果。也可利用副梢培养结果母枝或延长枝，加快树形培养。

（2）冬芽副梢：新梢叶腋间的冬芽受刺激后，被迫于当年萌发抽出新梢，称为冬芽副梢。多数品种的冬芽副梢带有花序，其花序发育质量优于夏芽副梢上的花序，因此生产上多用冬芽副梢结第二、第三次果。

三、芽

葡萄新梢叶腋中有两种芽，即冬芽和夏芽，多年生枝蔓上还存在隐芽或称不定芽。

1. 夏芽

没有鳞片的裸芽称为夏芽，不经休眠随着新梢生长，当年自然萌发，并能长出真芽副梢。

2. 冬芽

有鳞片包着的芽，一般当年不萌发，越冬后到下一年春季当昼夜平均气温稳定在10℃以上时，发芽抽枝，形成新梢，如当年负载量不足，利用重摘心刺激冬芽前萌发抽枝、开花结果，被称为逼冬芽结果，即第二次结果。

3. 隐芽

葡萄枝蔓上发育不完全的芽,当年不萌发,而是多年潜伏下来的呈隐蔽状态,被称为隐芽。这种芽遇到刺激后,才能萌发抽枝,生产上常利用隐芽枝(又称萌蘗枝)培养主、侧蔓,更新树体。

4. 花芽分化

葡萄的花芽分化是开花结果的基础。花芽形成的多少及质量好坏,与上一年浆果的产量有直接关系。花芽分化是芽的生长点分生细胞在发育的过程中,由于营养物质的积累和转化,以及成花激素的作用,并在一定的外界条件下发生转化,形成生殖器官,即花序的原基。花芽分化主要与树体营养状况和自然条件(光照、温度、雨量)有关,如树体营养状况好,温度处于20~28℃的晴天,新梢正处于旺盛生长时期,则各节冬芽花序分化也较为理想。

四、叶

葡萄的叶是由叶柄和叶片构成,在枝蔓上呈互生排列。叶片通常为5裂,与掌状相似,但也有3裂、7裂或全缘的。叶缘有锯齿。叶面、叶背和嫩梢上有绒毛。叶柄与叶片连结的地方形成叶柄洼。叶片的颜色多为绿色或深绿色。

葡萄叶片的主要功能是进行光合作用、蒸腾作用、呼吸作用和吸收作用。

五、花、花序及卷须

1. 花

葡萄花有三种类型,即完全花(两性花)、雌性花和雄性花。

雌、雄蕊发育正常时,能自花授粉结实的称为两性花,由花梗、花托、花萼、花冠、雄蕊和雌蕊 6 部分组成,在没开花前,花蕾绿色,很似半个绿豆粒大小。其当前生产上应用的品种多为两性花,一般情况下均能自花授粉结实。

雌性花雄蕊退化,花丝很短,开花时向下弯曲,花粉不育,有两性花的花粉或雄性花的花粉授粉情况下,可以正常结实,如白玉、罗也尔玫瑰等品种属此类花型,建园时一定配置授粉品种才能结果。

雄性花是雄蕊发育正常,花粉可育,而雌蕊退化,没有花柱和柱头,不能结实。在雌雄异株的野生葡萄种类中有之,如东北山葡萄等。

2. 花序

葡萄的花序是由花序梗、花序轴、支梗、花梗和花蕾组成。多数葡萄品种花序,在花序轴上有 3～5 级分轴,其分轴级次多少,因品种而异。自然花序形状有圆锥形、圆柱形、分枝形等。发育完全的花序,一般有花蕾 200～500 个,最多达 1000 个以上。

葡萄花序多着生在结果枝的第 3～8 节上,在叶的对面。欧亚种每个果枝有 1～2 个花序,美洲种每个果枝有 3～4 个或更多的花序,欧美杂交种介于前两者之间。

3. 卷须

葡萄卷须是与花序同一起源的器官,在葡萄园里可以找到从卷须到花序的各种过渡。卷须在新梢上着生的部位,与花序相同。

美洲种卷须是连续性的,每个节都有卷须,其他种类都是自开始着生节位起,每两节着生卷须后要空一节,呈间隔排列。欧亚种卷须多为间隔性分布,即连续着生两节后第三节无卷须,卷须多为2～3个叉型。卷须在野生自然界用于缠绕其他物体攀缘向上生长。在栽培条件下,为了节省营养和防止扰乱树形应及早疏除,或用人工引绑固定在架面上。

六、果穗、果粒和种子

果穗是花序发育而来的,果粒由子房膨大形成,种子是受精的胚珠发育而成。

1. 果穗

葡萄的果穗由穗梗、穗节、穗轴、副穗和果粒(浆果)等组成。自然果穗的形状,一般分为圆锥形、圆柱形和分枝形三大类。果穗的大小,多以重量分级。穗重800克以上称极大穗;穗重在451～800克为大穗;穗重在251～450克为中穗;穗重在101～250克为小穗;穗重在100克以下为极小穗。

2. 果粒(浆果)

葡萄果粒是由果梗、果带、果刷(维管束)、果皮、果肉和种子等组成。果粒形状、大小、颜色、果粉多少、果皮薄厚、肉质软硬、汁液多少、含糖量多少、果皮与肉和肉与种子分离难易,以及风味(含糖、酸、芳香物质)等都是品质的重要依据。

葡萄果粒纵横径相近的是圆形;果粒横径大于纵径时为扁圆形;纵径大于横径一半者称为椭圆形;纵径超过横径1倍及1倍以上者称长圆形或长椭圆形;如果粒顶端较尖称鸡心形;果粒顶部较钝者称卵圆形等。

　　果粒大小以平均重分级,鲜食有核品种是以 5 克以下为小粒,一般很少疏果;6～7 克为中粒,每穗留 46～50 粒;8～9 克为大粒,每穗留 41～45 粒;10 克以上为巨大粒,每穗留 35～40 粒为宜。无核品种是以 3 克以下为小粒;4～5 克为中粒;6～7 克为大粒;8 克以上的为巨大粒。

3. 种子

　　葡萄每粒有 1～4 粒种子。种子是由胚、胚乳、种皮构成。胚乳为白色,含丰富营养物质,可供种子发芽、胚生长需要。胚是种子的生长点,由胚根、胚轴和胚芽组成。种子萌发时由胚长出根和枝叶。

第二节　葡萄的生命周期和年生长周期

一、葡萄树的生命周期

　　在生产栽培条件下用扦插苗或嫁接苗植株,从幼苗生长、开花结果到植株衰老死亡,称为生命周期,一般分为 5 个时期。

1. 幼年生长期

　　从 1 年生小苗栽植到开花结果止,称幼年生长期。这个时期树冠和根系迅速生长,叶片光合作用和根部吸收营养物质逐渐加强,植株积累的养分逐渐增多,为第一次开花结果创造条件。一般营养繁殖的苗木,即嫁接苗或插条苗,在肥水、整形正常管理条件下,经 3 年的营养生长,枝蔓直径达 1 厘米以上时,第二年即可开花结果,完成幼树营养生长阶段。

2. 初结果期

从首次结果到盛果期前为初结果期。主要特点是树冠和根系扩展较快,树形骨架基本形成,产量逐年上升。这一时期的长短,与栽培密度和整形方式,以及地下、树上管理技术水平有关。一般葡萄初果期是 3～4 年。

3. 盛结果期

由初果期进入最高产量的 1/3 到产量最高峰,延至产量下降到最高产量的 1/3 时止,称为结果盛期。其特点是树冠最大,新梢长势和树形趋于稳定。这个时期的长短与栽培管理技术水平有关,其不同栽培地区、不同品种及不同的生态条件也起着重要作用。在不下架防寒地区盛果期可达 20～30 年,如加强科学管理可延长 10 年以上;冬季下架防寒地区,其盛果期一般为 15～20 年。这个时期的栽培特点,应以多施农家肥为主,适时加强肥水管理,对结果枝组和主侧蔓及时更新修剪,做好保花保果和疏花疏果,因树因枝定产,合理的调整负载量,提高浆果质量,使生长成花与结果达到稳定平衡状态,以延长盛果期年限,增加经济效益。

4. 结果后期

是以产量下降不足最高产量的 1/3 至无经济效益时止。其特点是树冠顶部和外围新梢的生长量越来越短,衰弱收缩,成花多而坐果少。又由于根系衰弱吸收能力差,养分消耗多,树体积累营养物质少,树势明显转弱。此时可采用压蔓更新根系和重剪回缩树冠,利用萌蘖更新主、侧蔓和结果枝组,利用新枝增加营养生长,控制产量,提高和延长经济效益年限。

5. 衰老期

植株新生长量很少,产量很低,不能正常结果,几乎无经济效益,甚者植株死亡。其特点是树冠残缺不全,枯枝越来越多,新梢极度衰弱,而无更新希望。这时要拔除植株,种植豆科作物 2～3 年后,重新挖定植沟,施肥改土后再进行定植。

二、葡萄的年生长周期

葡萄为了适应各地气候条件,在全年生长中,随着春初秋末、暑去寒来的气候变化而变化着,久而久之形成了不同阶段的发育,根据这种阶段发育,给以合理的科学技术管理,才能获得葡萄栽培中的早产、丰产。因此,了解葡萄全年生长发育对正确运用科学技术有着十分重要的意义。

葡萄是落叶果树,早春日平均气温达 10℃ 左右,地上部开始萌芽,秋季日平均气温降到 10℃ 以下时,新梢停止生长,叶片开始凋落,进入休眠阶段。结果期的树 1 年中分为两个阶段,即生长期和休眠期。而生长期和休眠期又分为 8 个物候期。

1. 树液萌动期

春天当根系分布土层的地温达 7～10℃ 时,根系开始从土壤中吸收水分和无机物。如在此时折伤枝蔓或剪有新鲜伤口,树液就会从伤口中流出来,称为伤流。其伤流时间早晚,因葡萄种类不同而异。一般山葡萄种在地温 4～5℃ 时根系开始吸收水分;欧美杂交种在地温 6～7℃ 时根系开始吸收水分;欧亚种在地温 7～8℃ 时根系开始吸收水分。伤流期是从根系在土壤中吸收水分开始到展叶后为止,伤流液中含有大量水分和少量营养物质,因此,应尽量避免造成伤流。

2. 萌芽期

从萌芽到开始展叶称萌芽期。在日平均气温 10℃ 以上时,根系吸入的营养物质进入芽的生长点,引起细胞分裂,花序原始体继续分化,使芽眼膨大和伸长。萌芽期较短,在北方冬季埋土防寒地区,一般解除覆盖物 7～10 天芽就开始萌动,要及时喷药、上架和浇水。待芽伸出 3～5 厘米,能识别有无花序时进行抹芽定枝,以保证主芽正常生长。

3. 新梢生长期

从萌芽展叶到新梢停止生长称为新梢生长期,萌芽初期生长缓慢。气温平均升高到 20℃ 时,新梢生长迅速,每昼夜生长量可达 10～20 厘米,即出现新梢第一次生长高峰。以后到开花时为止,新梢生长趋于缓慢,这个时期,所需的营养物质,主要由茎部和根部贮藏的养分供给。如贮藏的养分不足,则新梢生长细弱,花序原始体分化不良,发育不全,形成带卷须的小花序。因此,营养条件良好,新梢生长健壮,对当年的产量、质量和翌年的花芽分化都起着决定性的作用。要在抹芽的基础上进行定枝,将多余的营养枝和副梢及时剪掉,防止消耗养分,同时要追施复合肥(以氮、钾为主)。

4. 开花期

从始花期到终花为止称开花期。开花期的早晚、时间长短,与当地气候条件和种植品种有关。气温高开花就早,花期也短,气温低或阴雨天多,开花迟,花期也随之延长。一般品种花期为 7～10 天。如果开花期气候干燥,气温在 20～27℃,天气晴朗,上午 8～10 时开花量最多,整个花期可缩短为 7 天左右。为了提高坐果率,花前或花后均应加强肥水管理。花前 2～3 天对结果枝及时摘心,控制营养,改善光照条件,并喷 0.05%～0.10% 硼砂液和人工辅助授粉,对提高坐果率有明显效果。

5. 浆果生长期

从子房开始膨大到浆果开始着色前称浆果生长期。该期较长,一般可延续 60～100 天,其中包括葡萄的浆果生长、种子形成、新梢加粗、花芽分化、副梢生长等时期。

葡萄开花由卵细胞受精后,形成绿色的浆果。当幼果长至2～4 毫米大小时,一部分因营养不足或授粉不良出现落果现象。幼果含有叶绿素,可进行光合作用,制造养分,能补充果粒营养消耗的 1/5 左右。当幼果长到 4～5 毫米时,光合作用停止。

浆果生长的同时,新梢加粗生长,节间芽进行花芽分化。当浆果长到接近品种固有的大小时趋于缓慢生长。此时新梢(含副梢)进入第二次生长高峰,要求对新梢及时引绑和处理副梢,以改善架面光照条件。同时要及时防治病虫害,进行保叶、保果和补肥等措施,为丰产、丰收创造条件。

6. 浆果成熟期

此期为从果实变软开始到果实完全成熟。浆果开始成熟时,果皮的叶绿素大量分解,黄绿色品种果皮由绿色变淡,逐渐转为乳黄色;紫红色品种果皮开始积累花青素,由浅变深,呈现本品种固有颜色。随着浆果软化而有弹性,果皮内的芳香物质也逐渐形成。糖分迅速增加,酸度相对减少,种子由黄褐色变成深褐色,并有发芽能力,即达到浆果完全成熟。

浆果成熟期光照充足,高温干旱,昼夜温差大,有利于浆果着色,增加含糖量,相反,阴雨天多,果实着色不良,糖少酸多,香味不浓。因此,这个阶段要注意排水,疏掉影响光照的枝叶,同时喷施磷、钾肥(如磷酸二氢钾),促进果实迅速着色成熟和枝条充实。

7. 落叶期

浆果成熟至叶片黄化脱落时止称落叶期。浆果采收后,叶片光合作用仍在进行,将制造的营养物质由消耗转为积累,运往枝蔓和根部贮藏。这时花芽分化也在微弱进行,如树体营养充足使枝蔓充分成熟,花芽分化较好,可以提高越冬抗寒能力和下一年产量。这个时期仍要加强管理,采取预防早期霜冻措施,延长枝叶养分流动时间,为安全越冬打下良好的基础。

8. 休眠期

从落叶到翌年树液开始流动为止称休眠期。随着气温下降,叶片成橙黄色,叶片脱落,此时达到正常生理休眠期,但其生命活动还微弱地进行着。休眠期分为两个阶段,前期随着枝条成熟,芽眼自上而下进入生理休眠。一般是在气温 0～5℃时,经 30～45天就可以满足生理休眠要求。以后如气温上升达 10℃以上就随时可以萌发生长。但在北方地区因外界条件不适宜生长,还需要继续休眠,因此,把前期休眠称为生理休眠,后期称为被迫休眠。为了使葡萄安全越冬和翌春有充足的营养,在休眠期要施基肥,修剪、浇水和防治病虫害等。冬季防寒地区要做好覆盖塑料薄膜或埋土防寒、防鼠等项工作。

第三节　葡萄栽培对环境条件的要求

葡萄与外界环境条件、温度、光照、水分、土壤等的关系密切,这些条件直接影响着葡萄各器官的发育,为达到葡萄丰产、优质,必须研究和了解环境条件与葡萄生长发育的关系,对葡萄生长发育有何影响,综合考虑品种的选择及栽培方式等。

一、地形条件

1. 纬度和海拔

我国葡萄多在北纬 30°～43°,海拔的变化较大,200～1000米,河北怀来葡萄分布高度达 1100 米,山西清徐达 1200 米,西藏山南地区达 1500 米以上。纬度和海拔是在大范围内影响温度和热量的重要因素。

2. 坡向和坡度

在地形条件相似的情况下,不同坡向的小气候有明显差异。通常以南向(包括正南向、西北向和东南向)的坡地受光热较多,日气温较高。坡地的增温效应与其坡度密切相关。一般坡地向南每倾斜 1°,相当于推进 1 纬度。受热最多的坡地角度为 20°～35°(在北纬 40°～50°)。葡萄因较耐干旱和土壤瘠薄,因此比其他果树更适宜在坡地上栽培,然而坡度越大水土流失越严重,因此,在种植葡萄时应优先考虑坡度在 20°～25°以下的地方。

3. 水面的影响

海洋、湖泊、江河、水库等大的水域,由于吸收的太阳辐射能量多,热容量较大,白天和夏季的温度比陆地低,而夜间和冬季的温度比内陆高。因此,临近水域沿岸的气候比较温和,无霜期较长。临近大水面的葡萄园由于深水反射出大量的蓝紫光和紫外线,浆果着色和品质好,因此选择葡萄园时尽可能靠近大的湖泊、河流与海洋的地方。

二、土壤条件

葡萄可以生长在各种各样的土壤上,如沙荒、河滩、盐碱地、山石坡地等,但是不同的土壤条件对葡萄的生长和结果有不同的影响。

1. 成土母岩及心土

在石灰岩生成的土壤或心土富含石灰质的土壤上,葡萄根系发育强大,糖分积累和芳香物质发育较多,土壤的钙质对葡萄的品质有较大的影响。世界上著名的酿酒产区正是在这种土壤上,但土层较薄且其下常有成片的砾石层,容易造成漏水漏肥。

2. 土层厚度和机械组成

葡萄园的土层厚度一般以 80~100 厘米为宜。沙质土壤的通透性强,夏季辐射强,土壤温差大,葡萄的含糖量高,风味好,但土壤有机质缺乏,保水保肥能力差。黏土的通透性差,易板结,葡萄根系浅,生产弱,结果差,有时产量虽大但质量差,一般应避免在重黏土上种植葡萄。在砾石土壤上可以种植优质的葡萄,如新疆吐鲁番盆地的砾质戈壁土(石砾和沙子达 80% 以上),经过改良后,葡萄生长很好。

3. 地下水位

在湿润的土壤上葡萄生长和结果良好。地下水位高低对土壤湿度有影响,地下水位很低的土壤蓄水能力较差;地下水位高的土壤,不适合种植葡萄。比较适合的地下水位应在 1.5~2 米。在排水良好的情况下,在地下水位离地面 0.7~1 米的土壤上,葡萄也能良好生长和结果。

4. 土壤化学成分

一般在 pH 为 6～6.5 的微酸性环境中,葡萄的生长结果较好。在酸性过大(pH 接近 4)的土壤中,生长显著不良,在比较强的碱性土壤(pH 为 8.3～8.7)上,开始出现黄叶病。因此酸度过大或过小的土壤需要改良后才能种植葡萄。此外,葡萄属于较抗盐的植物,在苹果、梨等果树不能生长的地方,葡萄能生长得很好。

三、气候因素

气候因素是葡萄品种区域化的主要指标。光照、温度、降水等天气条件都是葡萄生长和结果所必需的,特别是夏秋季的天气状况。

1. 光照

太阳能是葡萄进行光合作用唯一的能源,是葡萄进行能量和物质循环的动力,葡萄产量和品质的 90%～95% 来源于光合作用。因此,几千年来人们为它搭架和整形修剪,以便使它获得更充足和合理的光照。

2. 温度

葡萄各种群在生长各个时期对温度要求是不同的。如早春平均气温达 10℃左右,地下 30 厘米土温在 7～10℃时,欧亚和欧美杂交种开始萌芽;山葡萄及其杂交种可在土温 5～7℃时开始萌芽。随着气温增高,萌发出的新梢便加速生长,最适于新梢生长和花芽分化的温度是 25～38℃。气温低于 14℃时不利于开花授粉。浆果成熟期最适宜的温度是 28～32℃,气温低于 16℃或超过 38℃时对浆果发育和成熟不利,品质降低。根系开始活动的温度是 7～10℃,在 25～30℃时生长最快。不同熟期品种都要求有效积温,如早熟品种有效积温需 2100℃,中熟品种需 2500℃,晚熟品种需 3300℃才能充分成熟。

葡萄对低温的忍受能力因各种群和各器官不同而异,如欧亚种和欧美杂交种,萌发时芽可忍受－3℃的低温;嫩梢和幼叶在－1℃、花序在 0℃时发生冻害。在休眠期,欧亚品种成熟新梢的冬芽可忍受－17℃,多年生的老蔓在－20℃时发生冻害。欧亚群的龙眼、玫瑰香、葡萄园皇后等品种的根系在－5℃时发生轻度冻害,－6℃时经 2 天左右被冻死。北方地区采用东北山葡萄或贝达葡萄作砧木,可提高根系抗寒力,其根系可耐－16℃的低温,致死临界温度分别为－18℃,可减少冬季防寒埋土厚度。

3. 降水

降水的多寡和季节分配,强烈地影响着葡萄的生长和发育,影响着葡萄的产量和品质。在某些地区,对某些栽培品种、降水量季节性的变化是葡萄品种区域化的最重要的气候因素之一。降水量季节性的变化,因世界不同的气候类型,而表现出显著的差异。我国主要葡萄栽培区的气候为季风气候(除新疆外),夏季高温多雨,南方春季阴雨天气更加重了葡萄栽培的难度。如土壤水分充足,发芽整齐,新梢生长速度快,果粒大。但是土壤水分过多,植株徒长,组织脆嫩抗性差,还会引起土壤中缺氧,根系吸收功能减弱,甚至使根系窒息死亡。如空气干旱,土壤缺水,枝叶生长量减少,易引起落花落果,影响浆果膨大,品质下降。在久旱逢雨时葡萄根系大量吸水,浆果迅速膨大,果皮因压力过大而发生裂果。因此,葡萄园要每隔 15 天左右灌一次水,使土壤水分保持相对稳定为宜。另外,在雨季来临时葡萄园的排水沟要求畅通无阻,防止受涝。

4. 其他

在葡萄栽培中,除了要考虑葡萄对适宜气候条件的要求外,还必须注意避免和防护灾害性的气候,如久旱、洪涝、严重霜冻,以及大风、冰雹等,这些都可能对葡萄生产造成重大损失。例如,生长季的大风常吹折新梢、刮掉果穗,甚至摧毁葡萄架。夏季的冰雹则常常破坏枝叶、果穗,严重影响葡萄产量和品质。因此,在建园地时要考虑到某项灾害因素出现频率和强度,合理选择园地,确定适宜的行向,营造防护林带,并采取相应的防护措施等。

第四节　我国葡萄产区的分布及主栽品种

我国是世界葡萄主产国之一,根据我国葡萄栽培现状、适栽葡萄种群、品种的生态表现,以及温度、降水等气候指标,可将全国划分为 7 个主要的葡萄栽培区。

1. 东北中北部葡萄栽培区

本区包括吉林、黑龙江两省,栽培面积和产量约占全国总量的 3% 和 2.4%。属于寒冷半湿润气候区,要采用抗寒砧木栽培,冬季枝蔓下架埋土防寒,较适宜发展特早玫瑰、紫玉、紫珍香、京亚、乍娜、凤凰 51、京秀、87-1、碧香无核等早、中熟葡萄品种,以及巨玫瑰、藤稔、香红、香悦、巨峰等中晚熟葡萄品种。

2. 西北部葡萄栽培区

本区包括新疆、甘肃、青海、宁夏、内蒙古五省(区),栽培面积和产量约占全国总量的 27.4% 和 24.19%。属干旱和半干旱气候区,主要靠河水、雪水灌溉栽培葡萄。

新疆是我国葡萄生产第一大省(区),栽培面积和产量约占全国总量的 22.3% 和 21.19%。主要品种是制干葡萄无核白(占80%),还有无核白鸡心、蜜丽莎无核、黎明无核、里扎马特、红提、秋黑、红高等鲜食葡萄和赤霞珠、品丽珠、梅鹿特、黑比诺、霞多丽、雷司令、贵人香等酿酒葡萄,鄯善县和吐鲁番县的葡萄酿酒业发展迅速。南疆产区包括和田、喀什、阿克苏、阿图什等地区,主栽品种有和田红、红提、秋黑、红高、圣诞玫瑰、意大利等。北疆产区包括石河子、奎屯、乌苏、精河、乌鲁木齐、昌吉、克拉玛依及伊犁地区,适宜发展早、中熟品种,鲜食葡萄有喀什喀尔、香妃、玫瑰香、粉红太妃、里扎马特、巨峰等,酿酒葡萄有味霞赤、品丽珠、梅鹿特、黑比诺、贵人香、雷司令等。

甘肃、青海、宁夏、内蒙古四省(区)的葡萄栽培面积和产量约占全国总量的 5.01% 和 2.2%,除陇东高原和陇南地区有温带到亚热带气候特点外,其他地区的葡萄栽培均采用抗寒砧木,冬季需要埋土防寒,主要品种有乍娜、里扎马特、京超、红提、巨峰、龙眼、马奶、无核白、瑞必尔、无核白鸡心、宝石无核等鲜食葡萄和贵人香、雷司令、黑比诺、法国兰、佳里酿等酿酒葡萄。

3. 黄土高原葡萄栽培区

本区包括山西、陕西两省,栽培面积和产量约占全国总量的 6.5% 和 4%,除汉中地区属亚热带湿润区外,大部分地区气候温暖湿润,少数地区属半干旱地区。以鲜食葡萄为主,主要品种有巨峰、藤稔、乍娜、里扎马特、粉红太妃、玫瑰香、无核白鸡心、红提、黑大粒、红高、香悦、巨玫瑰、红意大利、瑞必尔等。

4. 环渤海湾葡萄栽培区

本区包括辽宁省的沈阳、鞍山、营口、大连、锦州、葫芦岛,河北省的张家口、唐山、秦皇岛、沧州、廊坊、石家庄,山东省的烟台、青岛,北京市的延庆、通州、顺义、大兴区和天津市的汉沽区,是我国最大的葡萄产区,栽培面积和产量约占全国总量的 36.2% 和 44%。主要品种有龙眼、玫瑰香、巨峰、红提、秋黑、牛奶、里扎马特、京亚、康太、紫珍香、香悦、巨玫瑰、夕阳红、奥古斯特、玫瑰香、特早玫瑰、乍娜、意大利、红提、无核白鸡心、87-1、凤凰 51、普列文玫瑰等。

5. 黄河故道葡萄栽培区

本区包括河南、山东省鲁西南地区、江苏北部和安徽北部,栽培面积产量约占全国总量的 10.9% 和 12.6%。除河南南阳盆地属亚热带湿润区外,均属暖温带半湿润区。主要鲜食葡萄品种有红提、秋黑、瑞必尔、黑大粒等,制汁葡萄品种有康可、康拜里尔等,酿酒葡萄品种有佳里酿、白羽、赤霞珠、贵人香等。

6. 南方葡萄栽培区

本区包括安徽、江苏、浙江、上海、重庆、湖北、湖南、江西、福建、广西、云南、贵州、四川等省(市)的大部分地区,栽培面积和产量约占全国总量的 11% 和和 9.5%,为亚热带、热带湿润区。主要品种有巨峰、藤稔、先锋、康太、京超、红瑞宝、吉香、希姆劳德、黄意大利、圣诞玫瑰、瑞必尔、黑大粒、美人指、潘诺尼亚、乍娜等。

7. 云、贵、川高原葡萄栽培区

本区包括云南省的昆明、楚雄、大理、玉溪、曲靖、红河州等地区,贵州的西北河谷地区,四川省西部马尔康以南、雅江、小金、茂县、里县和巴塘等西部高原河谷地区,栽培面积和产量约占全国总量的 5% 和 3.4%。主要鲜食葡萄品种有凤凰 51、乍娜、无核白鸡心、玫瑰香、巨峰等,酿酒葡萄品种有梅鹿特、赤霞珠、霞多丽、白玉霓等。

第五节　葡萄的部分优良品种介绍

葡萄品种很多,全世界约有上千种,我国有 500 种以上。总体上可以分为食用葡萄和酿酒葡萄两大类。我们通常见到的葡萄均为鲜食葡萄,酿酒葡萄可以分为白葡萄和红葡萄两种。根据其原产地不同,分为东方品种群及欧洲品种群。我国栽培历史久远的龙眼、无核白、牛奶、黑鸡心等均属于东方品种群,玫瑰香、佳丽酿等属于欧洲品种群。

一、鲜食品种

(一)有核品种

1. 早熟品种

(1)玫瑰香:欧亚种,是鲜食和酿酒兼用的优良品种。果穗中等大,平均粒重 5 克,最大 7.5 克,椭圆形或卵圆形。果皮中等厚,果粉较厚,果皮黑紫色或紫红色,果肉黄绿色,稍软,多汁,有浓郁的玫瑰香味。该品种树势中等,成花力极强,结果枝结实力极强。玫瑰香适应性强,抗寒性强,根系较抗盐碱,抗病性稍弱,易感染黑痘病和霜霉病及生理性病害水罐子病等,较抗穗轴褐枯病。因其成熟后果香味甜,易受蜂害及金龟子成虫为害,生产上应用套袋的方法来防止。该品种篱架、棚架整形均可,中、短梢混合修剪。开花前要及时摘心,掐穗尖,促进果穗整齐,果粒大小一致,提高果实品质。栽培中应加强病虫害防治和肥水管理,注意疏花和疏除过多的果穗,每亩产量要控制在 1500 千克左右,严格控制产量过高,以利于其花芽分化和翌年产量。

（2）京亚：欧美杂交种。该品种果穗较大，果穗圆锥形或圆柱形，有副穗。平均穗重 480 克左右，最大穗重 1000 克，果粒着生较紧密，大小整齐，平均单粒重 10 克，最大粒重 18 克，果粒椭圆形，果皮蓝黑色或紫黑色。果皮厚、较韧，果粉较厚，果肉稍软，汁多，有草莓香味。该品种生长势较强，在北京地区 8 月上旬浆果成熟，抗病力强，丰产，果实着色好，不裂果。如经赤霉素处理可获得无核果，生产上棚架、篱架整形均可，采用中、短稍相结合的方式修剪。因果实成熟早、丰产性好，唯果实风味偏酸，因此在生产上要注意多施基肥，增施磷、钾肥，适当采用结果枝环剥，利于养分向果实输送，采用延迟采收等降酸栽培技术，提高果实品质。适合南方多雨地区栽培。

（3）京秀：欧亚种。该品种果穗大，呈圆锥形，平均穗重 450克，最大达 1000 克以上。果粒着生较紧密，椭圆形，平均单粒重6 克，最大 10 克，浆果充分成熟时呈玫瑰红色或鲜紫红色，肉脆味甜，酸度低，果皮中等厚。该品种生长势较强，结果枝率中等，枝条成熟好，花序大，坐果率高。该品种成熟极早，外观色艳形美，肉质硬脆，含酸量低，鲜食口感好，坐果好，不裂果，较丰产，不落粒，耐运输，易栽培管理。篱架、棚架均可栽培，适宜中、短梢混合修剪。但其抗病性相对较差，生产上应注意控制产量。且不可负荷过重，以防发生水罐子病及着色不良。适于我国西北、华北及东北地区日光温室（塑料棚）栽培。

（4）奥古斯特：欧亚种。果穗大，圆锥形，平均穗重 580 克，最大穗重 1500 克，果梗短，果粒着生较紧密，果粒大，短椭圆形，平均粒重 8.3 克，最大粒重 12.5 克，果粒大小均匀一致。果皮绿黄色，充分成熟后为金黄色，着色均匀一致，果色美观。果皮中等厚，果粉薄；果肉硬而质脆，稍有玫瑰香味，味甜可口，品质极佳。该品种结果早，丰产性强，抗病性较强，抗寒性中等，植株生长势强，枝条成熟度好,结果能力强。不易脱粒,耐贮运。适宜篱架、棚架及小棚架栽培,中、短梢修剪,生产上应及时进行夏剪,注意氮、磷、钾平衡施肥,控制产量,保持土壤水分均衡,防止裂果发生。

(5)潘诺尼亚:欧亚种。树势中等,丰产性好,副梢结实力强。果穗大,平均穗重 736 克,最大穗重 1220 克,果穗圆锥形,果粒着生中等紧到紧密。果粒大,最大粒重 10 克,平均粒重 5.7 克,圆或椭圆形,果皮乳黄色。肉质中等,脆甜,果粉薄。从萌芽到果实完全成熟生长期为 120 天左右。潘诺尼亚为大穗、大粒、外观美丽的早中熟鲜食品种,果粒着生牢固,不易脱落,较耐贮运,适于设施栽培中发展。但该品种抗病性稍差,易感染黑痘病,果实成熟后果肉易变软,栽培上要注意早期病害的防治。

(6)乍娜:欧亚种。自然果穗圆锥形,平均穗重 850 克,最大达 1100 克。果粒着生中密。果粒近圆形或椭圆形,平均粒重 9 克,最大达 14 克。果皮紫红色,有深紫色条纹,中等厚,果粉薄。肉质细脆,清甜,微有玫瑰香味。果实耐贮运,贮后香味更浓。该品种对黑痘病、霜霉病抗性较弱,适于气候干旱少雨地区栽培,我国西北、华北和东北地区栽培较多。注意预防早、晚霜害。生产上在 7~8 月份结合防病加 0.3%磷酸二氢钾进行 3~5 次叶面喷肥,并加强夏季修剪和控制产量,促进新梢成熟。

(7)凤凰 51 号:欧亚种。自然果穗圆锥形,平均重 462 克,最大果穗 1000 克以上。坐果率高,果粒着生紧密,果粒近圆形或略成扁圆形,果顶有似小南瓜的沟棱,平均粒重 7.5 克,最大粒重 12.5 克。果皮红紫色,较薄。果肉细致较脆,汁多,有浓玫瑰香味。果实不落粒、无裂果,耐贮运性较强。该品种是当前露地和保护地生产有发展前途的极早熟优良品种。

(8)特早玫瑰:欧亚种。果穗圆锥形,有副穗,平均穗重 550 克,最大穗重 1500 克。果粒着生紧密,果粒圆形,与凤凰 51 品种相似,平均粒重 6.5 克,最大粒重 7.2 克。果皮紫红色,着色快,果顶有 3～4 条微棱,果肉细致而脆,硬度适中,有纯玫瑰香味,含可溶性固形物 15%以上,酸甜适口,品质极佳。该品种适应性强,较耐干旱、耐瘠薄、抗病、抗寒性均较强,黑痘病、炭疽病、霜霉病等发病均较轻。适宜小棚架和高篱架栽培和中、短梢混合修剪。夏季管理与玫瑰香相同。

(9)香妃:欧亚种。该品种果穗较大,短圆锥形带副穗,平均穗重 330 克,穗形大小均匀,紧密度中等。果粒大,近圆形,平均粒重 7.6 克,最大 9.7 克。果皮绿黄色、薄、质地脆、无涩味,果粉中等厚。果肉硬、脆、肉质细,有玫瑰香味,酸甜适口,品质极佳。该品种长势中等偏旺,节间较短,棚架、篱架栽培均可,多中、短梢修剪。壮枝结果好,生产上应注意及时补充肥水。在生产栽培中应严格控制产量每亩 1500 千克为宜,在果实将要成熟时,要注意调节土壤水分,前期干旱时要注意灌水,如成熟期多雨的地区,可以树下覆盖地膜排水,防止裂果。香妃是当前露地及保护地生产抗性较强、早熟、丰产、浓香型的优良品种之一。

(10)维多利亚:欧亚种。果穗圆锥形或圆柱形,平均穗重 730 克,最大 1950 克。果粒着生中等紧密,长椭圆形,粒形美观,平均宽 2.31 厘米,长 3.2 厘米,平均粒重 9.5 克,最大 16 克。果皮黄绿色,充分成熟后为金黄色,中等厚,果肉硬而脆,味甜爽口,品质极佳。栽植后第二年结果率 90%左右,第三年亩产 2000 千克以上,成熟后若不采摘,也不会落粒。适宜干旱、半干旱地区小棚架或篱架栽培。抗灰霉病能力强;抗霜霉病、白腐病中等。

(11)京玉:欧亚种。果穗圆锥形,平均穗重 684 克,最大 1400 克。果粒着生中密,椭圆形,平均粒重 6.5 克,最大 8 克,绿黄色,皮中厚,肉质硬而脆,汁多味浓,酸甜适口。种子少而小。较耐干旱。对霜霉病、白腐病抗性较强,易染炭疽病。果实较耐运输。是早熟、大粒、黄绿色、较抗病的优良品种之一。

2. 中熟品种

(1)巨峰:欧美杂交种。果穗大,圆锥形,平均穗重450克。果粒着生稍疏松,果粒大,圆形或椭圆形,平均粒重10克,最大粒重14克,果皮中等厚,黑紫色,果粉厚,果刷短,成熟后易脱粒,果肉软,黄绿色,有肉囊,味甜多汁,果皮与果肉易分离,适时采收,品质上乘。该品种树势强,萌芽率高,对黑痘病,霜霉病抗性较强,抗寒力中等,适于小棚架栽培和中、短梢修剪。对肥水和夏季修剪要求较严,栽培上应提倡合理负载,加强综合管理,培养健壮稳定的树势,花前新梢及时摘心,疏去过多花序和喷施硼肥,花期严格控制肥水利于坐果,花后及时增施磷、钾肥,对提高果实品质和促进花芽分化效果明显,防止落花落果是巨峰栽培成功的关键。

(2)马奶子:别名宣化白葡萄、白牛奶,欧亚种,为原产我国的优良品种之一。果穗大,平均穗重350克,最大穗重可达1400克,长圆柱形,果粒着生中等紧密或较松散。果粒中大,平均粒重4.5~6.5克,长圆形。果皮薄,黄绿色,果肉脆而多汁,味甜,清爽。树势强。该品种穗大,产量高,外观美,风味甜,但抗性稍差,易感染黑痘病、白腐病、霜霉病,果实成熟期土壤水分过多时,有裂果现象。生产上宜采用棚架栽培,中、短梢修剪。因其抗湿、抗病力弱,适于西北、华北干旱、半干旱地区栽培。该品种耐寒力弱,冬春季节要注意防冻防寒。

(3)巨玫瑰:欧美杂交种。自然果穗圆锥形,平均穗重510克,最大800克。果粒大,短椭圆形,平均粒重9克,最大粒重15克,果粒整齐,果皮紫红色,果粉中等厚,果肉软,多汁,果肉与种子易分离,具有浓郁的玫瑰香味。该品种生长旺盛,丰产,抗病,品质优良。对黑痘病、炭疽病、白腐病和霜霉病等有较强的抗性,其病虫害防治与巨峰相同。适于棚架栽培,中、短梢修剪,幼树期要培养健壮树势,调整好生长与结果的关系,进入结果期后注意秋施基肥,生产上要注意控制产量,维持健壮的树势。

(4)里扎马特:欧亚种。形如牛奶葡萄,成熟后果粒色泽鲜艳呈玫瑰红色得名。果穗圆锥形,特大,稍松散,平均穗重 1000 克,最大穗重可达 2500 克,果粒圆柱形或牛奶头形,平均粒重 12 克,最大 20 克,但有时果粒大小不整齐。果皮薄,成熟后果皮鲜红色至紫红色,外观美丽。果肉质脆,细腻,有清香味,肉中有一条明显的白色纤维管束。该品种树势极旺,结果枝抽生部位较高,二次结果能力低,产量中等,采收后果实不耐贮运。抗病性较弱,易感白腐病和霜霉病,成熟期雨水多时果粒易裂果,适于在降水较少而有灌溉条件的干旱或半干旱地区栽培,建园时宜选沙质壤土。宜棚架栽培和以长梢为主的修剪方法。夏剪时应适当多保留叶片,防止果实发生日灼,栽培时要极早防治病害和合理调控土壤水分状况,防止裂果。

(5)红瑞宝:欧美杂交种。果穗大,分支或圆锥形,中等紧密。果粒大,平均粒重 8～10 克,椭圆形。果皮中等厚,浅红色,易剥皮,肉软多汁,有草莓香味,风味香甜。果实成熟比巨峰晚约 1 周。该品种果穗大,粒大,味甜香,由于生长势强,生产上多以棚架和篱架栽培,但栽植密度不宜过大,冬季修剪以中长梢修剪为主。抗病性强,成熟后落粒较轻,较耐贮运。但该品种对管理要求较高,枝叶过密或产量过高时果实着色不良,因此生产上严禁负载过大、果园郁蔽,每亩应严格控制产量 1300 千克左右。

(6)藤稔:欧美杂交种,是个有发展前途的特大粒鲜食品种,俗称"乒乓球葡萄"。一年生成熟枝条深褐色,较粗壮,易形成花芽,丰产性强。新梢冬芽为绿色而巨峰冬芽为红色是二者新梢的区别。自然果穗圆锥形,平均重 450 克,果粒着生较紧密。果粒大,整齐,椭圆形,平均粒重 15 克,最大 26 克。果皮厚,紫黑色。肉质中,味甜多汁,有草莓香味,品质中上等。浆果成熟比巨峰早 10 天左右,与普通高墨熟期相近。该品种适应性强,较抗病,但易感黑痘病和霜霉病,果实增大的潜力大,用植物生长调节剂在幼果期侵蘸果穗,可得到近30克的巨大型果。生产上要注意做花序整形,加强肥水管理,藤稔扦插生根率较低,自根苗根系较不发达,最好选择发根容易、根系大、抗性强的砧木进行嫁接栽培。藤稔果实成熟后极易脱粒,成熟后要及时采收,尽快销售。栽培技术适当密植,或先密后稀,喜大肥大水,冬剪宜重注意早更新、防止早衰。

(7)美人指:欧亚种。果穗大,圆锥形,无副穗,平均穗重350克,最大穗重650克,果粒着生紧密度中等,穗梗长。果粒大,长椭圆形稍弯曲,平均单粒重6克,最大粒重9.5克,果皮脆、薄。无涩味,果粉薄,果粒绿黄色,完全成熟时为金黄色,肉质脆,清甜爽口,外形美观,品质上乘。生长势较强,宜采用棚架栽培,中、长梢修剪。但该品种抗病性较差,栽培时要加强对黑痘病、白腐病等病害的防治。除进行化学防治外,最好采用套袋来隔离果穗。该品种果穗的穗轴较脆易断,采收时应用手托住果穗,细致采收,适合在西北、华北干旱、半干旱地区栽培。

(8)峰后:欧美杂交种,从巨峰实生后代中选育而成。果穗较大,自然果穗短圆锥形,平均穗重418克,果粒着生中等紧密,果粒短椭圆形,平均粒重12.8克,最大20克,果皮紫红色,较厚,果肉较硬,质地脆,略有草莓香味。果刷耐拉力强,不裂果,耐贮运。成熟后不采收可挂树保存至9月底且不脱粒。该品种树势旺盛,适于棚架或篱架栽培,宜采用中、长梢修剪。种植密度应适当稀植。加强夏季管理,在花前及时抹除花序下副梢及花序上留5~8片叶摘心,花期要注意喷施硼肥,促进坐果,落花后10~15天用赤霉素处理可明显促进果粒膨大,生产上注意多施磷、钾肥,少施氮肥,以促进枝条充实,增强抗逆性;该品种对穗轴褐枯病、炭疽病、灰霉病抗性较弱,生产上要注意及早防治。

(9)醉金香:欧美杂种。果穗特大,平均穗重800克,最大穗重达1800克,呈圆锥形,果粒大,平均粒重13克,最大粒重19克,果粒呈倒卵圆形,充分成熟时果皮呈金黄色,成熟一致,大小整齐,果粉中多,果皮中厚,有浓郁香味,品质极佳,外观漂亮,树势强壮,易丰产,抗性强,适栽面积广,是目前国内外黄色品种中最有前途的果粒大、味浓的鲜食品种。该品种植株生长旺盛,结果枝率高,适宜棚架或篱架栽培。中、短梢修剪,生产上要重视秋施有机肥,氮肥要适量,多施磷肥和钾肥,果实成熟后有落果现象,要注意及时采收。

3. 晚熟品种

(1)红地球:俗称红提。果穗长圆锥形,极大,平均穗重600克以上,果穗松散或较紧凑,果粒圆形或卵圆形,在穗轴上着生中等紧密,平均粒重12～14克,最大22克,果皮中等厚,鲜红或暗紫红色,果粉明显,果肉硬脆,味甘甜。树势较强,丰产性强,果实着色容易,不裂果,果刷粗大,果梗抗拉力强,不脱粒,极耐贮运。该品种树势强,穗大粒大,外观品质上乘,尤其耐贮运性好。但新梢易贪青,老熟差,抗寒力弱,抗病性弱,尤其易感黑痘病、霜霉病、白腐病和日灼病及根部病害。红地球根系较浅,对土壤和肥水管理要求较高,栽培上要选择土层深厚、土质疏松、热量充足、排灌方便的地区栽培。幼树生长较旺,适于小棚架或T形篱架栽培,龙干形整枝,中、短梢混合修剪。红地球新梢贪长,当年新梢不易成熟,在生长中后期应适时摘心,并控制氮肥,增施磷钾肥。为促进果粒膨大,开花前对花序应进行整形,去掉花序基部大的分枝,并每隔2～3个分支掐去一个分支,坐果后适当疏粒,每一果穗保留50～70个果粒为好。红地球抗寒力差,抗病力弱,成熟期晚,应选择无霜期长、积温高的干旱、半干旱地区种植,在高湿热的南方和一些热量不足的北部地区应选择适宜的栽培模式并慎重发展。

(2)圣诞玫瑰:欧亚种。果穗大,长圆锥形,穗重800克左右,浆果着生较紧。果粒大,长椭圆形平均粒重75克,果皮中等厚,紫红色,不裂果,肉质硬而脆,味甜美适口,品质佳,果刷大而长,耐贮运,树势强,副梢结实力中等,栽后第二年见果,极丰产,抗病力较强,但植株幼嫩部分易感黑痘病。该品种是一个很好的晚熟葡萄品种。宜采用小棚架栽培,中、短梢混合修剪。结果后树势显著转弱,因此主蔓不宜太长。栽培中应严格控制负载量,以免影响果实上色,降低果实品质及树势转弱,花序大,应疏花疏果,每一果穗留果70个左右即可。幼树易早期丰产,但挂果过多常引起树势早衰,生产上要予以充分重视。注意黑痘病的预防及防治。适宜在三北地区推广发展。

(3)秋黑:欧亚种。自然果穗长圆锥形,平均穗重720克,最重达1500克,果粒着生紧密。果粒阔卵圆形,平均粒重10克,果皮厚,蓝黑色,果粒厚,外观极美。果肉硬而脆,味酸甜,品质佳。果刷长,果粒着生牢固,极耐贮运。该品种树势强,枝条成熟度好,果实成熟着色整齐一致,外观美,且肉质硬,耐贮运,抗病性较强,是当前晚熟、穗大、粒大、优质、耐贮运的优良品种之一。适宜小棚架栽培,中、短梢混合修剪,在华北及西北生长期较长的地区均可适量发展。幼叶对石灰较为敏感,喷布波尔多液时应适当降低石灰的含量和比例。

(4)夕阳红:欧美杂交种。果穗长圆锥形,平均穗重为800克,最重达2300克,果粒着生较紧密,果粒长圆形,整齐,平均粒重12.5克,果皮较厚,紫红或暗红色,果肉软硬适度,汁多,有浓玫瑰香味,品质极上。该品种生长旺盛,易形成花芽,夏芽副梢结实力强,早果性好,丰产性强。生产上宜采用棚架整形,在幼树期,应保持中庸的树势,采用中长梢修剪;进入结果期后,采用中、短梢混合修剪,防止结果部位外移并注意加强肥水管理,稳定树势提高果实品质,病虫害防治上要加强白腐病的预防,以防止病虫害蔓延。抗病虫力和适应性均强,在辽宁、华北、华东和华南等地区都表现良好。

(5)意大利:欧亚种,为世界性的优良鲜食葡萄品种之一。果穗自然圆锥形,穗大,无副穗或有小副穗,平均穗重760克,最大穗重1200克,果粒着生中等紧密。果粒大,椭圆形,平均粒重8克,最大粒重15克,浆果成熟后果皮绿黄色,果皮中等厚。果粉厚,果肉脆,味甜,有浓郁玫瑰香味,鲜食品质极优。该品种抗逆性较强,抗白腐病和黑痘病,但易感染霜霉病和白粉病。该品种喜充足的肥水,宜棚架栽培,长、中梢混合修剪,生产上要注意坐果后及时进行认真的果穗整形,防止果穗过大,影响外观及其商品性,采收时应细微小心,防止碰伤果皮形成褐斑,并注意霜霉病的防治。适合在积温较高的干旱和半干旱地区栽培。

(6)红意大利:欧亚种。自然果穗呈圆锥形,平均穗重650克,最大2500克,果粒着生中密。果粒短椭圆形,平均重8.5克,最大12.5克,比意大利果粒重2~3克,果皮呈玫瑰红色至紫红色,果粉少,果皮中厚,肉质细胞,成熟后果粒晶莹透明,美如红宝石,有玫瑰香味。该品种抗病性中等,较抗黑痘病和白腐病,对霜霉病的抗性较差,枝条抗寒性较差,因其果皮薄,成熟期遇雨或排水不良,果梗附近常发生月牙形裂口。该品种树势较旺适合采用棚架或T形篱架栽培,中、长梢修剪,栽培中需加强肥水管理,重视基肥和磷、钾肥的施用,尤其要加强对霜霉病的防治。抗寒性较弱,冬季枝芽容易受冻,北方地区栽培防寒措施应适当提前。由于果穗较大,坐果后要及时进行疏果粒和果穗整形,在多雨地区或多雨年份,应采取相应的栽培措施预防裂果。

(7)龙眼:欧亚种。果穗圆锥形大而紧密,外形美观,平均穗重650克,果粒大,近圆形,紫红色,果粉浓厚,果皮中等厚,果肉多汁,味酸甜,果实一般可贮藏到翌年二、三月份,品质上等。每果含种子1~3粒,种子较大。树势极强,生长旺盛,发芽力强,结实率较低。在有灌溉条件的葡萄园,适宜大棚架式中长梢修剪;在旱地条件下,适宜小棚架或独龙架式,宜短梢或极短梢修剪。本品种适应性强,对土质、肥水条件要求不严,适宜山地、旱地栽培,抗旱、抗盐碱能力强;抗病力较弱,在阴雨潮湿的气候条件下,易染炭疽病、霜霉病。由于栽培历史长、地域广,在栽培繁殖过程中,有些植株种性出现了不少变异类型。因此,各地发展要注意选择丰产类型的优株作种条。

(8)瑞必尔:又名黑提、黑大粒。果穗圆形或圆锥形,穗大一般重 1000 克,最大穗达 1500～2000 克,果粒较大,一般重在 12～13 克,最大粒重 5 克。果粒着生紧密,不掉粒,紫黑色,黑中透亮,果粒圆形,果肉较硬,汁少,成熟后的果粒酸甜可口。由于皮厚而韧,肉紧脆硬,耐挤压,便于运输、贮藏。生长势较强,芽眼前发率高,结果枝率高,坐果率高。但该品种抗病力较差,果实成熟期水分供应不均宜发生裂果,栽培上要注意充足的肥水供应。该品种生长季易患霜霉病、黑痘病,尤其易感染灰霉病,生产上应及早进行综合防治,实行套袋栽培,并适时采收。

(9)黑奥林:欧美杂交种。果穗大,平均穗重 510 克,圆锥形,果粒着生中等紧密。果粒极大,最大粒重 15 克,平均粒重 12.3 克,近圆形。果皮黑紫色,果粉中等厚,皮厚,肉质脆、甜。每果粒有种子以 2 粒居多。种子中等大,褐色。植株生长势强,为极晚熟的紫黑色鲜食品种,果粒耐压,耐运输,但不耐贮藏,贮藏过程中果粒易脱落。适于在温暖、生长季节长的地区栽培。

(10)保尔加尔:又称白莲子,属欧亚种。我国东北、华北地区均有栽培。果穗大,平均穗重 800 克,圆锥形,紧密度中等。果粒大,平均粒重 8.7～9 克,椭圆形,皮较薄,黄绿色,果粉中等厚,果肉肥厚肉质脆,多汁。甜酸适口,风味好,品质上等。树势强,萌芽率高,结实力强,果枝多双果穗,副梢结实力亦强,果实成熟期一致,熟前不易落果,果实耐贮运,抗病力强,在干旱地区果穗易感日灼病。适宜在土壤肥沃、灌水条件好的地区栽培。短、中、长梢修剪皆可连年丰产,夏剪应适当多留副梢叶片,宜棚架、篱架整形亦可。

(11)户太十号:户太十号葡萄由西安市葡萄研究所选育。果穗圆锥形,紧凑,单穗重 800～1200 克。果粒近圆形,紫红色,平均

果粒重 11 克,最大果粒重 20 克。果皮与果肉易分离。酸甜适口,
细脆浓香。一次果 7 月上旬成熟,二次、三次果分别在 9 月上旬和
11 月初成熟。成熟果穗可树挂 1 个月,采摘后货架期 7～8 天。
三次果可延迟采收,经树挂后可加工冰葡萄酒。适应性和抗逆性
适应性较广,适宜在陕西多数葡萄产区及相似条件地区栽植。耐
高温,在遇到连续日最高气温 38℃时,新梢仍能生长。霜霉病、灰
霉病、炭疽病发病较轻。

另外,还有高妻、大宝、摩尔多瓦、玫瑰早、87-1、玫瑰紫、亚都
蜜、普列文玫瑰、黑蜜、紫珍香、红双味、信浓乐、伊豆锦、红蜜、瑰
宝、蜜红、白玫瑰、欧亚、达米娜、丰香、香悦、红高、紫玉、紫珍香、香
红、和田红、红高、喀什喀尔、粉红太妃、京超、红高、康太、紫珍香、普
列文玫瑰、先锋、康太、京超、吉香、希姆劳德、8611、黑鸡心等品种。

(二)无核品种

1. 早熟品种

(1)早红:欧亚种。自然果穗圆锥形,平均穗重 190 克,果粒近
圆形,平均粒重 4.5 克,无核率达 85%,其余均败育瘪籽。用赤霉
素处理后,平均穗重 410 克,最大近 1100 克,果粒平均重 9.7 克,
最大达 19.3 克,其穗重、粒重比对照增加 1 倍多,无核率则达
100%。粒形由近圆形变为短椭圆形,果皮及果粉均厚,紫红色,果
肉脆,果粒附着力强,无裂果、无落粒,品质佳。生长势强,枝条粗
壮,成熟度好。副梢结实力强,二次果可正常成熟。植株抗逆性
强,对黑痘病、白腐病、霜霉病、炭疽病的抗性与巨峰相似。硬枝插
条易生根。因根系发达较抗旱、耐盐碱,适宜肥沃的沙壤上栽培,
采用小棚架,用双龙蔓树形整形和中长梢混合修剪较好,每亩施优
质有机肥 4000 千克,再结合氮、磷、钾追肥及叶面喷肥,按树相调整
其比例,使产量控制在 1500 千克左右,就能达到连年优质、丰产。

(2)红标:欧美杂交种。果穗圆锥形,有副穗,平均穗重300克,果穗较松散,果粒近圆形,紫黑色,平均粒重4.8克,经赤霉素处理后可达10克左右,自然状态下无核率90%左右,经赤霉素处理后无核率100%,且果粒变为短椭圆形。果皮中等厚且韧,果肉肥厚稍脆,味甜,有玫瑰香味,着色整齐一致,成熟后不宜裂果,不脱粒,耐贮运。其余性状同早红。栽培上要注意花前摘心,赤霉素处理同早红。

(3)京早晶:欧亚种。果穗圆锥形,果粒着生中密,平均穗重420克,最重达625克。果粒卵圆或长椭圆形,平均粒重2.9克,最大3.3克。果皮薄,绿黄色,透明美观。肉质脆,汁少,浓甜。结实性较弱,产量中等,每个果枝结1~2个果穗。该品种树势强旺,植株抗寒、抗旱力强,但易感染霜霉病和白腐病,生产上应注意病虫害的预防。京早晶成熟早,无核,穗形美观,肉脆味甜,品质优良,其果实不仅可供鲜食,而且也可制干和制罐等。易采用棚架栽培,中长梢修剪。由于花序大,坐果好,易形成大果穗,宜采用花后摘心。因该品种果粒较小且成熟后易落粒,栽培时要注意采用赤霉素处理增大果粒并注意适时采收。适宜在干旱和半干旱地区栽培。

(4)奥迪亚:欧亚种。果穗自然圆锥形,穗大,平均穗重500克,果粒着生紧密,上色、成熟较为一致。果粒大,椭圆形,紫黑色。自然状况下平均粒重7克,无核率98%,经赤霉素处理后单粒重可达11克。果肉细脆,果皮薄,不落粒。该品种植株生长势旺盛,丰产性强,枝条成熟度好,抗旱,抗寒,丰产。适于棚架、篱架栽培,中、短梢混合修剪,露地和设施栽培均可。栽培中要严格控制产量,防止结果过多、品质下降和延迟成熟。果粒着生紧密,易造成果粒生长畸形,烂粒及内部着色困难,生产上要进行疏穗处理,在果穗上每3个小分支要去掉1个。奥迪亚果皮较薄,容易造成碰伤,田间管理或采收时应予以注意。该品种抗霜霉病、炭疽病能力较差,生产上要及早进行防治。

(5)优无核:别名黄提、上等无核,欧亚种。果穗中大,重500～1200克,圆锥形,果粒中大,重5～7克,成熟后微黄色。皮薄,肉脆、汁多,肉细而紧,无异味,甜酸适口,无核。树势中等,适应性较强,在无核品种中是个很有发展前途的品种。该品种树势较旺,适应性强,抗干旱,宜用棚架或T形篱架,中梢修剪,以缓和树势。该品种果穗大,栽培中要进行疏果整穗,控制产量。抗霜霉病、黑痘病、炭疽病能力强。

(6)金星:别名维纳斯无核,欧美杂交种。自然果穗圆锥形,平均稳重260克,最重达500克。果粒着生较紧,大小均匀。果粒近圆形,平均自然粒重为4.2克,最大4.5克。果皮蓝黑色,较厚,果刷长,无裂果、脱粒现象。品质中上。金星易形成花芽,应通过抹芽、疏枝、蔬果穗来调节产量。适于棚架或篱架栽培,中、短梢修剪。生产上可用赤霉素处理增加粒重,处理时间是盛花末期及盛花后10～14天,用赤霉素各处理一次,浓度为50～100毫升/升。该品种抗潮湿,是南、北方早熟优良无核品种之一,也是葡萄无核抗性育种的宝贵资源。

2. 中熟品种

(1)森田尼:欧亚种。果穗长椭圆形,穗重一般600～700克,最大穗达1200克。粒重4.5克,长椭圆形。果实成熟后为黄绿色,果粉薄,果面洁净,非常美观,无核果汁中等,口感好,肉硬紧密而细,品质上等。成熟后需要及时采收,略有过熟易脱粒,不耐贮运。该品种植株生长势强,产量较高,抗病力中等,较抗霜霉病,但不抗黑痘病和白腐病。品质优良,在我国露地和设施栽培都表现良好。植株生长旺盛,宜采用棚架栽培,中、短梢混合修剪。栽培中要防止生长过旺影响花芽分化和果实生长,同时要及早进行黑痘病、白腐病和绿盲蝽的防治。

(2)无核白:别名青提、汤普逊无核,欧亚种,是个既能鲜食,又能制干、酿酒等多用途品种。果穗大，平均穗重 337 克，圆柱形，果粒着生紧密或中等紧密，果粒较小，在自然状态下平均粒重 1.64克，椭圆形，黄白色，果粉中等厚，皮薄脆，果肉浅绿色，半透明，肉脆，味甜，汁少，无香味。该品种树势强，副梢结实力强，抗旱力强，抗病力差，易感染白粉病、白腐病和黑痘病。适宜棚架整形，中长梢修剪，采用赤霉素处理增大果粒。栽培上要注意及早防治病害，该品种地域性较强，适合在西北高温、干旱、生长期长的地区种植。

（3）莫利莎：欧亚种。果穗圆锥形，果粒较大，平均单粒重 5.5克，果粒着生中等紧密，果皮黄绿色，充分成熟后呈金黄色，长椭圆形，果脐明显，果皮中厚，果肉硬脆，肉质细，味甜，有浓郁的玫瑰香味，果实耐贮运性良好，品质优。幼树生长较旺，适宜采用棚架整形，中、长梢结合修剪。生长季要注意合理施肥，防止氮肥过多造成徒长，莫利莎花序对赤霉素敏感，要注意合适的处理浓度，切勿过高，以防造成落花落果。莫利莎对白腐病抗性差，生产上要及早防治。

（4）瑞峰无核：欧美杂种。果穗圆锥形，自然状态下果穗较松散，平均穗重 200～300 克，果粒近圆形，平均单粒重 4～5 克，果皮蓝黑色，果肉软，用赤霉素处理后坐果率明显提高，果穗紧凑，平均穗重 760 克，平均单粒重 12 克，果肉变硬，果粉厚，果皮韧，粉红至红紫色，果肉硬度中等，较脆，多汁，风味酸甜，略有草莓香味，不裂果。该品种抗病性强，着色好，风味和肉质良好，赤霉素处理效果明显，处理后表现大粒、无核、优质、丰产，栽培上注意加强肥水管理，培养强旺树势，后期多补充磷钾肥，以利枝条成熟充实。棚架、篱架栽培均可，中、短梢混合修剪，花前在果穗上留 5～8 片叶摘心，盛花后 3～5 天和 11～15 天用赤霉素类果实膨大剂处理 2 次。坐果后应进行果穗整理，每一果穗留果 50～60 粒为宜。病虫害防治及常规管理同巨峰相似。

（5）神奇：别名黑美人、奇妙无核，欧美杂交种。自然果穗圆锥形，平均穗重 520 克，最大穗重 720 克，果粒着生松紧适度，果粒椭圆或长椭圆形,平均自然粒重 6.5 克,最大 8.2 克,果皮蓝黑色,中等厚,有果粉,果肉淡绿色,半透明,肉质中等硬度,有香味,品质佳。浆果有 1~2 个绿色软籽,吃时无感觉,果刷长,果粒附着牢固,无落粒,较耐贮运。生长旺盛,常导致花芽分化不良,在栽培上应采用棚架整形、长梢修剪和调整肥料配比等措施来缓和生长势,促进花芽分化,本品不宜用赤霉素处理,否则降低坐果率,延迟成熟,该品种抗病性强,果粒不易脱粒,耐贮运。适应性较强,抗寒性和抗病性与欧美杂交种金星无核相似,适宜我国华北、东北、西北地区栽培。华南、华中可以试栽。

3. 晚熟品种

(1)克瑞森:别名绊红无核、淑女红,欧亚种。自然果穗圆锥形,平均穗重 500 克,果粒着生中密或紧密。果粒椭圆形,自然粒重平均为 4.2 克,果皮玫瑰红色,着色一致,有较厚白色果粉,比较美观,果皮中厚,果皮与果肉不易分离。果肉浅黄色,半透明,肉质细脆,清香味甜,品质极佳。每粒浆果有 2 个败育种子,食用时无感觉。生长势强,树势旺,宜采用棚架或 T 形篱架栽培,中、短梢结合修剪。在栽培中要注意控制树势,防止生长过旺影响结果和产品质量。结果后可采用环剥与赤霉素处理等方法促进果粒增大。适合无霜期超过 165 天以上的干旱和半干旱地区栽培。

(2)皇家秋天:欧亚种。自然果穗圆锥形,平均穗重 560 克,最大穗重 1350 克。果粒短椭圆形,自然粒重平均为 6.2 克,最大为 7.5 克。果皮暗黑至紫黑色,被有白色果粒,有光泽。果肉黄绿色,肉质硬脆,果皮与果肉分离,味甜适口。果刷绿色中长,无核或有少量瘪籽残核,食用时无感觉。果实耐贮运。皇家秋天是一个晚熟无核品种,丰产性较好,果穗大,果粒大,但该品种的花梗、果硬木质化程度差,果粒易从果梗上断裂脱落。成熟前水分控制不好时果实容易发生裂果。抗病性较差,尤其易感染白腐病,生产上必须及早进行防治。适合在无霜期超过 165 天以上的干旱和半干旱地区栽培。

（3）红宝石：欧亚种。果穗大，一般重 850 克，最大穗重 1500 克，圆锥形，穗形紧凑。果粒较大，卵圆形，平均粒重 4.2 克，果粒大小整齐一致。果皮亮红紫色，果皮薄，果肉脆，无核，味甜爽口。红宝石无核生长旺盛，宜采用棚架或 T 形篱架整形，中、短梢修剪。可采用赤霉素处理及环剥等方法，以增大果粒。抗病性稍差，成熟较晚，尤其易感黑痘病和霜霉病，生产上要注意及早防治。适宜在"三北"地区推广。

（4）红脸无核：欧亚种。该品种果穗大，长圆锥形，平均穗重 650 克，最大穗重 2150 克，果穗较为松散。果粒中等大小。在自然状况下平均粒重 4.2 克，椭圆形，果皮中厚，鲜红色，果粒呈半透明状，美观，果粉薄，果肉脆，味甜，无核，果刷长，耐贮运。植株生长旺盛，适宜棚架整形或 T 形篱架整形，可采用结果枝环剥和赤霉素处理等技术来促进果粒增大。该品种成枝力较强，应及时进行夏季修剪，以保证架面通风透光。为了使果穗紧凑整齐，应及时进行花序修剪和果穗整形，并配合进行套袋和良好的水肥管理。

另外，还有奥特姆无核、红宝石无核、蜜里莎无核、火焰无核、布朗无核、宝石、黎明无核等品种。

二、酿酒葡萄品种

（一）酿制红葡萄酒品种

（1）赤霞珠：又称解百纳，与蛇龙珠、品丽珠同称为三珠或解百纳，欧亚种。是世界上最著名的酿制红葡萄酒的品种之一，在我国山东、华北、西北地区有集中栽培，果穗中等大，平均穗重 175 克，圆锥形，果粒着生中等紧密。果粒小，平均粒重 1.82 克，近圆形，紫黑色,果粉厚,皮厚,多汁,有青草味。抗霜霉病、白腐病、炭疽病能力较强。赤霞珠为高单宁含量晚熟品种,适宜在积温较高、无霜期长、生长期长、夏季温度较温凉、土壤富钙质的地区栽培。该品种喜肥水,易丰产,栽培上应注意严格控制产量,提高果实品质。

(2)品丽珠:欧亚种。果穗中大,平均重 250 克,果粒中等大,平均重 2.3 克,扁圆形,紫黑色,有青草香味,果皮薄。产量中等,抗病性中等,抗寒力弱。叶片形似赤霞珠,但叶色浅,裂刻内常有一锯齿状突起为主要区别标志。

(3)蛇龙珠:欧亚种。果穗中等大小,圆锥形或圆柱形。平均穗重 195 克,果粒着生紧密。果粒圆形,果皮紫黑色,着色整齐,果皮厚,平均单粒重 2 克,果肉多汁,为我国通过筛选育成的酿造葡萄品种。该品种适应性强,抗逆性强,着色良好,成熟一致。适宜在稍为干旱的沙壤地栽培,适于篱架整形,中、长梢修剪,为提高果实品质,保证酿酒质量,植株进入丰产期后要适当控制负载量和氮肥的使用量。

(4)梅鹿特:别名梅乐、梅鹿辄,欧亚种,是近年来发展较快的酿酒品种之一。该品种果穗中等大,平均穗重 180 克,圆锥形或圆柱形,副穗,穗梗长。果粒小,平均粒重 1.8 克,近圆形,紫黑色,果粒着生中等紧密,果皮较厚,多汁。抗病性较强,较抗霜霉病、白腐病和炭疽病,宜篱架整形,中梢修剪。该品种根系较浅,而且多为水平生长,对土壤和肥水管理要求较严。

(5)法国兰:别名法兰西,是一个古老的酿酒品种。该品种果穗中等大,圆锥形,平均重 180～420 克,果粒着生中等紧密。果粒中等大,平均单粒重 1.7 克,圆形,蓝黑色,果粉中等厚,果皮中厚,肉质软,汁多,味甜。对气候和土壤要求不严,抗寒,抗病性强,较抗黑痘病和炭疽病,也易感染白粉病,生产上要注意及早防治。

(6)梅醇:山东省酿酒葡萄科研所育成。果穗中大,平均穗重 360 克,果粒着生紧密,树势强,抗病性强,适应性强,易丰产。

（7）西拉：欧亚种。果穗中大，平均穗重 242.8 克，圆锥形或圆柱形，果粒小，单粒重 1.9 克，着生紧密。果粒圆形，紫黑色，具有独特香气。适合在我国北方和西北积温不高的地区栽植。

（8）烟 73：欧亚种。果穗中等大，圆锥形，平均穗重 380 克，果粒中等，着生紧密。平均粒重 2.3 克左右，椭圆形，果皮深紫红色。果皮较厚，果肉软而多汁，果汁深紫红色是其主要特点。烟 73 为我国培育的葡萄调色品种，树势生长旺，较抗病，适宜篱架栽培，中、短梢修剪。栽培中重视基肥和有机肥的应用，适当增施微肥，以促进含糖量的提高和色素充分形成。

除上述品种外，在我国栽培的红色品种还包括马斯兰、小味尔多、胡桑、神索、宝石、丹那特、佳美、佳利酿、黑比诺、梅洛等引进品种和北醇、公酿 1 号、红汁露、梅郁、双庆等品种。

（二）酿制白葡萄酒品种

（1）霞多丽：欧亚种。果穗中小，平均穗重 150 克，圆柱形，带副穗，果粒极紧密。果粒小，单粒重 1.38 克，近圆形，绿黄色，果皮薄，果肉多汁，味清香。植株生长旺盛，结果能力强，易丰产，华北地区 4 月上旬萌芽，5 月下旬开花，9 月下旬果实成熟，从萌芽到成熟需 155 天左右。适应性强，喜富钙质的壤土地和向阳坡地，宜篱架栽培，中梢修剪。该品种抗病性较弱，易感染白粉病、灰霉病、炭疽病及黄金叶病。受病毒病感染会出现青粒和无籽现象，对品质影响较大，因此，病害防治是栽培成败的关键。

（2）白诗南：欧亚种。果穗中等大，平均穗重 315 克，圆锥形或圆柱形，副穗，果粒小，着生紧密。单粒重 1.26 克，近圆形或卵圆形，黄绿色，果皮较厚，果肉多汁。在华北地区 4 月中旬萌芽，9 月上中旬成熟，属中熟品种。宜采用高篱架栽培，中梢修剪，修剪中要注意培养预备枝，防止结果部位上移，生长期要加强肥水管理，尤其要注意对白腐病的防治。

(3)白玉霓:欧亚种。酿制葡萄蒸馏酒白兰地的主要品种。果穗中等大,平均穗重 245 克,圆锥形,有时下部果穗分枝上翘,果粒着生中等紧密。果粒中等大,平均单粒重 2.2 克,圆形,绿黄色,果粉薄,肉质软,多汁,味酸甜。树势强,结果系数高,易丰产。白玉霓枝条生长旺盛,直立性强,抗风性差,春季要及时绑蔓,防止大风吹断新梢。该品种抗湿性较强,可在华东地区栽培,抗寒性较差,一定要加强肥水管理,促进枝条正常老熟,及早埋土防寒,防止枝条受冻抽干,同时要加强对毛毡病、霜霉病的防治。

(4)雷司令:欧亚种。果穗小,平均穗重 177 克,圆柱形或圆锥形,带副穗,穗梗短,果粒着生紧密。单粒重 1.54 克,圆形,黄绿色,整齐,果皮薄,脐点明显,果肉多汁。植株生长势强,结果早,但产量偏低,抗病性弱,易感染霜霉病、白腐病、灰霉病等,生产上应十分重视病虫害的早期预防。适宜在沙壤上栽培,喜肥水,适应温凉气候,在气候温凉的新疆石河子地区和甘肃武威地区栽培表现良好。因此是我国西部干旱半干旱地区适宜栽植的优良酿造品种之一。

(5)意斯林:别名贵人香,欧亚种,该品种为世界酿酒良种之一。果穗中小,平均穗重 135 克,圆形,果粒着生紧密。果粒小,平均粒重 1.28 克,最大 1.45 克,近圆形,黄绿色,果脐明显,果粉中等厚,皮薄,果肉多汁,是一个适应性较强、抗病性较强的优良酿造品种,生长势中庸,易丰产,适于篱架栽培,中短梢修剪。多雨年份要加强对黑痘病、炭疽病等病害的防治。

(6)赛芙蓉:欧亚种。果穗中等大,平均穗重 300 克,圆锥形,有副穗,果粒着生紧密。平均粒重 2.8 克,圆形,果皮薄,果肉柔软多汁,具有玫瑰香味,味甜。生长势中庸或稍强,抗病性中等,生长季果实易感染白腐病、灰霉病、黑腐病等病害,成熟期遇雨常发生裂果,生产上要予以重视,及早防治。宜采用篱架栽培,中、短梢修剪。该品种是酿制干白和甜白葡萄酒的著名酿酒优良品种,适于在我国北部、西北干旱半干旱地区栽培。

(7)长相思：又称索味浓，欧亚种。该品种果穗小，平均穗重132克，圆柱形或圆锥形，果粒着生紧密，果粒中等大，平均粒重1.8克，圆球形，绿黄色，果粉少，皮薄，汁多，味酸甜，有青草味。该品种生长势较强，产量中等，抗病性较弱，抗逆性较强，较耐低温，适合在较冷凉的北方干旱、半干旱地区栽培，该品种抗真菌性病害能力较差，尤其易感染灰霉病和白腐病，生产上要注意及早进行防治。

(8)白羽：又叫白翼，属欧亚种，是酿造白葡萄酒的佳品。果穗中大，一般重300克，圆柱形，紧密，果粒小或中大，重2～2.5克，黄绿色，椭圆形，皮中厚，肉多汁，种子2～3粒。树势偏强，耐旱，抗病力较强，萌芽率高，结实力较强，每果枝平均着生1.5个果穗，副梢结果力弱，枝条直立而整齐，副梢生长较弱，易管理，适宜中短梢修剪，小棚架、篱架或无架栽培。该品种结果早，产量较高，抗病性较强，耐旱。但易感染霜霉病和白粉病，生产上要注意及早防治。

除上述品种外，在我国栽培的白色酿酒葡萄品种还有白比诺、灰比诺、爱格丽、小白玫瑰、威戴尔、小芒森、阿里戈特、白福尔、富明特、歌伦白等引进品种和我国自己培育的品种。

三、制汁品种

(1)康可：又名黑美汁，美洲种。该品种树势强，果穗圆锥形，果粒着生疏松，平均穗重220克，果粒近圆形，平均粒重3.05克，果皮薄，皮下有紫红色素，果肉厚，果肉有囊，多汁，果汁红色，味酸甜，有草莓香味，是世界上著名的制汁品种。在我国栽培表现较好，抗寒、抗湿、抗病，早果性强，适应性强，易栽培管理。

(2)康拜尔：欧美杂交种。我国黑龙江、辽宁、江苏南京、上海和安徽等地均有栽培，是制汁和鲜食兼用品种。果穗圆锥形，果粒着生中密,平均稳重 580 克。果粒近圆形,平均粒重 4.9 克。果皮厚,深黑色,果粉厚。果肉绿色,有肉囊,汁多,味甜酸。有典型康可果汁风味,酸甜适口,回味长。品质较佳,稳定性好,封闭可存放。该品种抗寒性、抗病性较强,但耐旱性较弱,适合在气温稍低气候湿润的地区栽培,不适于在石灰性土壤和干旱地区栽植。

(3)黑贝蒂:欧美杂交种。果穗中等大,平均重 236 克,圆锥形,果粒着生中等紧密,果粒大,平均重 3.13 克,近圆形,紫黑色,果粉中等厚,果皮中等厚,肉绿色有肉囊、透明、酸甜、有草莓味,每果含种子 2～3 粒,种子大,与果肉不易分离。黑贝蒂对环境要求不严,适应性、抗病性较强,是适合南方各地栽培的制汁品种,果汁风味良好。但该品种果穗较小,单株产量不高,生产上可适当进行密植,以增加单位面积产量。

(4)紫玫康:欧美杂种。自然果穗圆锥形,平均稳重 102 克。果粒重 3.7～4.3 克。果皮紫红色。果肉柔软多汁,有肉囊。味酸甜,有玫瑰香味,稍涩,鲜食品质中下,产量中等。汁紫红色,果香味浓,酸甜适口,风味醇厚,有新鲜感。汁液质量超过黑贝蒂,适合我国南方地区种植。

(5)玫瑰露:又称底拉洼,欧美杂交种。果穗圆柱形,果粒着生紧密。果粒重 1.4～1.5 克,果皮薄,紫红色,果粒中等,柔软多汁,有肉囊,味甜而香。玫瑰露,浆果出汁率 70％,是制汁、酿造和鲜食兼用品种,果汁色好,味甜适口,有香味;酿酒质化味香,回味长,适于长期贮存。也可作调味用。

另外,还有安尼斯基、白香蕉、吉香、康拜里尔等品种。

四、制干品种

代表品种有无核白、无核红、京早晶、大无核白、京可晶、碧香等(见鲜食品种)。

第六节 葡萄园栽培的方式

葡萄是喜光、喜肥、喜水、生长快、结果早、产量高、收益大的藤本蔓生果树,葡萄园栽培主要有露地栽培和人工设施栽培。

1. 露地栽培

露地栽培适合土地面积较大的平原、坡地、砂荒、轻碱地等,一般采用篱架、棚架栽培。这种栽培形式,历史悠久,是生产上的主要栽培形式。它的主要特点是集中连片,容易机械化作业,减轻劳动强度,降低劳动成本,提高劳动生产效率。

2. 人工设施栽培

设施栽培又称保护地栽培,是人工增设防护设施的一种新兴的栽培方式。如加温温室、日光温室、塑料大棚、小拱棚和南方的增温、避雨棚等,通过人工创造小气候,使葡萄提早萌芽、开花和果实成熟。大棚栽培一般都比露地提早 20～30 天上市,经济效益一般增加 3～5 倍。南方多雨地区,为了避开不利自然因素,采用早春扣棚增温措施促进早发芽、开花,多雨高温季节,将避雨棚下部的围膜撤掉,留下顶部拱棚避雨的技术管理,既提早果实上市30～40 天,又减少病虫害的发生,提高了果实品质和经济效益。

第三章　葡萄苗木繁殖技术

葡萄苗木是发展葡萄生产的基础,苗木质量的好坏直接影响栽植的成活率、苗木长势、结果早晚、产量高低和树体寿命的长短等。

第一节　葡萄品种选择

葡萄品种选择是葡萄园生产中最重要的问题。品种选择时首先考虑优良品种对当地气候和土壤的适应情况;其次是根据本园的生产任务,确定主栽品种。如果建园地附近具有较大的葡萄加工厂,则首先要选择与加工厂需求相一致的品种进行栽培。

鲜食葡萄则选择外观美观、粒形整齐、色泽鲜艳、适应当地人口味的、抗病性强,易丰产的鲜食早、中、晚熟葡萄品种,结合设施栽培及贮藏,周年供应市场。如果生产基地距销售市场较远,栽培品种应选择耐贮运性强的品种进行栽培。

酿酒葡萄品种,必须果粒大小整齐、紧密,果实出汁率在 70%以上,抗病虫害能力强,风味纯正,含糖量在 17%以上的品种,如赤霞珠、梅鹿特、蛇龙珠、贵人香等。

第二节 葡萄苗木的繁育

葡萄苗木繁殖分为采购和自育两种形式。

一、采购苗栽植

种植户若采购葡萄苗木,需注意一些相关问题。

1. 选择正规的、有育苗资质的单位购买

选购葡萄苗木一定要到正规的、有育苗资质的单位去购买。由于葡萄苗木生产效益相对较高,因而造成苗木市场较为混乱,部分不具备育苗条件的单位、个人也在搞苗生产;有的在育苗过程中不按规范要求进行育苗,造成品种纯度退化等问题;有的挂育苗的牌子,实际以调苗经营为主。因此,在采购葡萄苗木时,一定要对供苗单位、个人育苗生产情况、诚信情况有所了解,防止因盲目性和片面轻信而造成损失。

2. 保留好相关手续

采购时,手续一定要规范,保留好订苗合同、协议和发票等证据。在签订合同时,除将采购品种、数量写清楚外,对一旦出现品种不纯、带有病虫害等质量问题时的解决处理办法也应列入合同、协议条款,不要轻信供苗单位的口头承诺,一切以文字为准,以防今后产生不必要的纠纷。

3. 要认真检查苗木的品种、规格和健壮程度

在购买苗木时,一定要认真检验供应商所发的苗是否是自己

所定的品种,不要发什么苗,就提什么苗。同时,要到育苗基地实地看苗木的生长情况,不要仅听供应商提供的品种名称和介绍。另外,要看所发苗是否符合葡萄苗木分类要求。培育 1 年的扦插苗、嫁接苗木,根系应发育良好,当年萌发的枝条粗度一般直径应在 0.5 厘米以上,芽眼 3 个以上。过分细弱的苗、眼芽少的苗和有病虫害的苗,应予以去掉。

4. 提苗时,应要求供苗单位提供苗木检疫报告

提苗时的检疫是必要的,也是目前法规所要求的。同时,提苗时一定要弄清所提苗是供苗单位的自育苗、还是调运苗。从实际情况看,从外地调运的苗,相对发生质量问题较多,问题发生后的处理也较麻烦。另外,提苗时,最好是现提现起苗,才有利于提高成活率。对事先假植的苗木,应认真仔细地检查苗木有无脱水、根系霉变等现象。

二、自育苗栽植

扦插、压条和嫁接是葡萄常用的自育苗方法,其中以扦插法最简单,使用最普遍。

(一)扦插繁殖法

扦插繁殖(彩图 1)是利用带有 1～3 个芽眼的葡萄枝条,插入土中,生根后形成新的植株,这是葡萄苗木培育的主要方法。在生产上有多种扦插育苗的方法,依扦插季节分为春季扦插及雨季扦插。

1. 春季扦插育苗

(1)春插所需插条的采集:要求在品种纯、植株健壮、无病虫害

的丰产树上采集。结合冬剪从生长健壮的母株上剪取直径大于0.8厘米粗壮的且充分成熟的一年生枝条作插条。枝条应充实、芽眼饱满、无病虫、节间长短均匀，并且具有该品种的特征。长度20～25厘米，节间长的品种一般留2～3个节，节间短的品种留3～4个节。插条剪截，上端平剪距剪口芽1～1.5厘米，下端斜剪距芽眼以下0.5厘米。然后将采集的种条剪去插条上的卷须和残留的穗梗，按6～8节或3～5节整理成捆，每50～100根为一捆，每一捆挂上标签，标明品种、采集时间和地点。

（2）种条贮藏：为防止失水影响成活，采集的插条应及时贮藏。贮藏前以5％的硫酸亚铁或5波美度石硫合剂侵泡枝条1～3分钟或用500～800倍的多菌灵或甲基托布津等杀菌剂喷布或侵泡2～3分钟，取出阴干后再行贮藏。种条贮藏可采用沟藏或窖藏法。

①沟藏：在背风向阳地方挖沟，沟深1～1.5米，沟长依插条多少而定。挖好沟后，在沟底铺一层10厘米厚的湿河沙（沙的湿度以手握沙成团、松手团散为度，湿度过大，种条芽眼易霉烂；湿度过小，易引起枝条失水），将插条按捆横卧于沙上，捆间以细沙隔离，放完一层插条，铺一层厚10厘米的湿沙，同时将插条的缝隙充分填实，防止冻干。一般放2～3层即可。另一冬藏方式是把插条倾斜放入沟内，插条间同样以湿沙填实，最后在插条上覆土20～30厘米，沟顶呈垄状以防冻害。当沟温接近7～8℃时，插条易发热，应及时将覆盖物除掉进行倒沟，如发现有种条发霉时，要将种条侵在500倍的多菌灵或百菌清药液中，3～5分钟后取出阴干，然后再埋沙贮藏；如贮藏沟内过于干燥时，可喷入适量的水。

②窖藏：窖藏与沟藏不同的是，最上一层插条埋沙土20厘米左右，其上留出空间，以便流通空气、调节温度。顶棚用木料、预制板或秸秆覆盖后，再覆土，覆土厚度一般为30厘米左右（视窖深浅而定），棚土要打碎，拍平，以防漏风。窖深一般为2～2.5米，宽

4～5 米,长度视插条而定。要注意温度不要过大。插条入窖后要特别注意温度不要过高,要分次覆土。插条量小也可用薯窖、山药窖、菜窖贮藏,但要与红薯、山药、蔬菜等分开存放。

为了准确观察窖温变化情况,窖内应分四角设温度计。葡萄根系不耐低温,温度保持在 0℃以上不超过 5℃或低于－2～－1℃为宜。早期注意高温,冬季及时清除积雪,早春降雨要注意排水,以防过湿霉烂。要勤检查窖内的温、湿度,最适温度 0℃左右,不能高于 5℃;湿度以 80％左右为宜。早春是藏条的关键时期,常因温度高、湿度大而引起霉烂、发芽,造成损失。一定要勤检查,如发现霉变,及时取出插条,用 5％硫酸亚铁或 0.3％高锰酸钾液消毒插条 1～3 分钟,晾干后再贮放。

(3)种条催根:我国北方地区春季 3～4 月份气温回升较快,而地温上升较慢,露地扦插往往是插条先发芽,后生根,萌发的嫩芽常因水分和养分供应不上而枯萎死亡,严重影响着扦插的成活率。其原因是葡萄芽眼的萌发温度为 10℃,而最佳生根温度为 24～26℃。催根就是根据生根对温度的要求,人为加温使插条基部形成不定根。

①药剂催根:由于科学技术不断地发展,植物催根药剂在不断合成新的种类,但其刺激植物生根的原理基本相同。在葡萄插条上的应用,主要是刺激枝条基部中柱鞘细胞活动和分裂,在温度、湿度适宜的条件下,产生不定根,因此认为药剂处理是促进生根的有效方法。

萘乙酸催根:因萘乙酸不溶于水,在配制前先用少量酒精或白酒(60 度)将药粉溶解,然后按比例加入一定量的纯净水配成药剂。如葡萄插条用萘乙酸的适宜浓度为(50～100)×10⁻⁶,即 1 克萘乙酸药粉用少量酒精溶解后,加入 10 升水则配成 100×10⁻⁶ 浓度的药液。药剂浸泡插条时,首先把药水倒入平底的大水盆或在平地上用砖砌成的方框池(高 3～4 块砖)(铺上新塑料棚膜,四边压在砖框上后就形成平底药池），再将清水浸泡过的插条捆晾干水分，并在木板上将插条基部磕齐后，一捆挨一捆立放在药池中，浸没插条基部 3～5 厘米。浸泡 12 小时后取出，就可以将插条进行催根。如控制好温度（24～26℃）、湿度后，经过 15 天左右生根率达 85％以上。

吲哚乙酸催根：吲哚乙酸与吲哚丁酸都是粉末状，不易溶于水。在配制时先用少量白酒（60 度）溶解后，加水配制成（25～50）×10^{-6} 浓度，浸泡 12～24 小时即可扦插或催根后再扦插，生根效果更好。插条浸泡方法同前。

ABT 生根粉：ABT 生根粉主要有三种型号药粉。1 号药对木本植物枝条扦插难生根的，如山葡萄、金银花、苹果等有较好促进生根作用；2 号药对较易生根的木本植物，如葡萄、月季花、杜鹃等枝条，能提高扦插发根效果；3 号药对各种有根苗木移栽时，能促进发新根，有提高成活率作用。它们应用药液的浓度均为（100～200）×10^{-6}。即 1 克药粉加少量酒溶解后加清水 10 升或 5 升，就配成 100×10^{-6} 或 200×10^{-6} 的药液。浸泡葡萄插条催根时，将基部 3～4 厘米，浸泡 8～12 小时取出后即可插入温床催根。也有将插条用药液泡后插在营养袋中育苗或直接插在田间育苗。其苗木质量，以直接插入温床中催根的效果为最好。

②冷床倒置催根：床地应选在背风向阳、水源足、运输方便的地点。床东西向，宽 1.5 米左右。长度依插条数量而定，每平方米可放插条 3000～4000 根，床深 1～1.5 米，挖出的土堆积在床的北面，北床壁比南床壁高 30～40 厘米，便于接受阳光。冷床最好在前一年秋季挖好，第二年早春冰雪融化之前，先在床地和四壁铺 10 厘米的草，然后填入 50～100 厘米厚的冰块，用雪或碎冰填满空隙，上面用草覆盖，以防冰雪融化。床盖和草帘要稍大于床面宽度，床盖钉上塑料薄膜或镶上玻璃。催根前，先将床内冰块铺平，冰上铺 10 厘米厚的锯末，然后将插条倒置其上，用湿锯末填满空

隙,插条基部务求平坦整齐,上盖 5 厘米厚的湿锯末,再覆 2~4 厘米的腐殖质土,也可放一层草木灰,作为吸热保湿材料。为了掌握温度需在床面上、插条发根部位、发芽部位插上温度计,床上用塑料床盖或玻璃窗盖盖严,雨雪天和夜晚盖上草帘。控制插条部位的温度在 20~30℃。当床表土温度上升到 50~60℃时应揭开床盖散热,特别是下午 1~2 点,床内容易出现高温。床土和锯末应保持一定湿度,每隔几天检查一次,补充水分,大约 20 天左右插条基部可形成愈合组织和幼根。插条上床时间依晚霜时间而定,若催根后直接下地,则在当地晚霜来临前 20 天开始催根。若催根后在温室中育苗,则在晚霜来临前 45~60 天开始催根。

在应用冷床倒置催根技术时,可在头年上冻前挖床,逐渐在床地泼水结冰的方法,然后用草盖上备用,若春季临时挖床,将插条倒置催根,这种方法易造成芽眼萌动。

(4)硬枝插条育苗方法:在葡萄插条繁殖小区,每亩施腐熟农家有机肥 3000~4000 千克,翻入 25 厘米左右耕层,耙平后做畦。一般生产采用平畦,其畦宽 60 厘米、埂宽 30 厘米。畦高 8~10 厘米,每畦双行,其小行距为 20~30 厘米、株距 12~15 厘米,以利通风透光和田间绑蔓、除萌、喷药等作业。畦内耙平后灌水,待水渗下稍平时,畦面、畦埂上均喷布除草剂防除杂草。目前生产上用在葡萄育苗地的除草剂有美国产的拉索乳油(又称甲草胺)、国产的乙草胺、地乐安等,它们对葡萄插条生根没有影响。每亩喷除草剂药量及方法按说明应用,要用喷雾器均匀喷布在地面上,然后扣上地膜,保持水分,提高地温,使其药剂形成药膜以提高除草效果。当地温上升到 10℃以上时,在扦插前先用铁制的扎孔器,按着行、株距,破膜插孔,然后将催根的插条插入孔中,顶芽朝南要露在地膜外,然后用砂土封孔和在畦中灌水。在插条后 7~10 天,再灌一次逐水即可。

当新梢抽出 5~10 厘米长时,选留 1 个粗壮枝,其余抹掉,以便集中营养,加速苗木生长。同时要注意防治黑痘病,每隔10天左右喷布1次800倍的多菌灵或甲基托布津等杀菌药剂。

在6月份防病喷药时要加0.2%的尿素,在7~8月份喷药时要加0.2%磷酸二氢钾,共进行3~5次叶面追肥,促使苗木健壮生长。新梢生长到30厘米左右时,要立杆拉绳引绑和副梢留三片叶摘心。到立秋前后(8月上旬),对苗木新梢要进行摘心,使苗木加粗和充实,早日达到木质化的标准成苗。

2. 雨季扦插育苗

高温多雨季节,葡萄蔓节处易生根,此时扦插育苗省力,并且成活率高。方法是在葡萄架上剪取已木质化的春蔓为插条,长25~30厘米,留2~3个芽眼,上部留一个叶片,其余叶片全部去掉。剪平插条上端,下端由节处附近剪为斜茬,然后将插条斜插入土中,并踏实。地表露出一个叶片即可。株距为7~8厘米,插好后浇足水,并在上面遮阳,保持土壤湿润。插条15天左右即可生根,并萌发新芽,成活后撤掉遮阳物。

(二)硬枝嫁接法

硬枝嫁接法或称劈接法(图3-1),是葡萄园中苗条繁殖和品种更新所采用的一项技术措施,其优点是嫁接期长,育苗期短,可

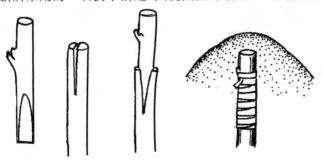

图 3-1　硬枝嫁接法

做到当年嫁接、当年育苗、当年壮苗出圃。

1. 砧木品种的选择

(1)利用抗寒砧木发展寒地葡萄生产,可采用山葡萄和贝达;利用抗旱砧木在旱地发展葡萄可采用 SO_4 砧木;抗盐碱砧木在盐碱地发展葡萄栽培,可采用 5BB 砧木;此外, SO_4 、5BB 和久洛等抗病虫葡萄砧木可避免一些根部病虫为害。

(2)砧木必须生长旺盛、健壮、充实,要求枝条粗度 0.5~1 厘米。

2. 接穗采集与贮存

采集接穗的时间应在葡萄落叶后,一般结合冬剪进行,修剪 1 个品种,收集 1 个品种,以免品种混杂。接穗最好从品种纯正、植株健壮的结果株上的营养枝上采集。接穗应为充分成熟、节部膨大、芽眼饱满、髓部小于枝条直径的 1/3、无病虫的 1 年生枝。按枝条长短、粗细分开,每 50 根或 100 根种条 1 捆,捆扎整齐,作好标记。入沟埋藏(贮藏方法见述),到第二年春季嫁接时取出。

3. 嫁接前接穗处理

嫁接前 1 天取出接穗,用清水泡发 12~24 小时,使接穗吸足水分。

4. 嫁接方法

(1)温室内嫁接

①嫁接方法:河北地区多在 2~3 月嫁接,其他地区可在当地栽植前 50~60 天进行。嫁接前将上年秋季贮藏好的砧木种条(砧杆)、接穗取出,将无根砧木种条剪成 15~20 厘米的茎段,要求上剪口平剪、下剪口剪成马蹄形,并且要去除砧木上的芽眼,以防止

砧木芽萌发而影响嫁接成活率。采用劈接法进行嫁接，选取粗度一致的接穗与砧木，在砧木中央纵切一刀，切口深度与接穗削面长度一致，沿切口插入削好的接穗，使接穗与砧木形成层对齐。将嫁接好的种条在已经熔化好的石蜡溶液中速蘸一下，密封接穗与接口。最后，将嫁接完成的砧木马蹄面对齐，10 根 1 捆，在 1 克/千克的 ABT2 号生根粉溶液中速蘸一下。

②上床催根：在塑料大棚或温室内，铺设上下双层地热线温床。床宽 1.0～1.5 米，长度依棚大小而定。温床底部整平，周围用木板圈住，固定。底部先铺一层草苫，然后用 5 厘米厚的湿沙压平压实。地热线的铺设分上下两层，先铺设底层地热线，在床的两端各固定 1 块木板，木板上每隔 5～6 厘米钉 1 个钉子，将地热线往返挂在两端的钉子上，线上铺 4～5 厘米厚的湿沙。第 2 层（上层）地热线高出下层地热线 20 厘米，在温床左右两侧各固定 1 条木板，横向铺设地热线，边码种条边铺设，宽度根据 1 捆种条粗度而定。每捆种条的接口处于上层地热线的两条相邻线之间。捆间灌入细沙并灌水沉积，芽眼露外。

在铺设线路的上、下两层分别放置 1 个控温仪的感温头，上层的温度控制在 28～29℃，下层的温度控制在 24～25℃。经 20 多天，当大部分接条已经愈合、砧杆已出现根原体或幼根时，停止加温。锻炼几天后，即可移入温室内。

③温室内培育：在温室内做苗床，宽 1.0～1.5 米，长度视温棚宽度而定，深 30 厘米。将细沙 2 份、稻田土 3 份充分拌匀后装入营养袋内。装实后的土面与袋口持平。将营养袋排列整齐，先灌水，后插条。注意控制温室温度和苗床的湿度，加强水肥管理和病虫害防治，促进苗木生长。待苗木长到 15 厘米时，开始逐步通风透光、控水、控肥、炼苗。待苗木达到"四叶一心"且健壮时移植。

(2)室外嫁接

①嫁接前准备：田间嫁接一般选择在伤流之前进行。在准备

嫁接的前2～5天,将土壤浇足浇透,使土壤充分吸水,2～3天后,土壤表面发黄,砂壤土用手攥后成团,松手后土团不散,手上略带水印时即可进行嫁接。

②嫁接方法:田间供劈接的砧木在离地表10～15厘米处剪截,在横切面中心线垂直劈下,深2～3厘米。接穗选择1～2个饱满芽,在顶部芽以上2厘米和下部芽以下3～4厘米处截取。在芽下两侧分别向中心切削成2～3厘米的长削面,削面务必平滑,呈楔形。随即插入砧木劈口,对准一侧的形成层,然后用宽3厘米、长20厘米的塑料薄膜,由砧木切口最下端向上缠绕至接芽处,包严接穗削面后向下反转,在砧木切口下端打结。接芽萌发前,在芽上方,用刀片将包扎带划破1小口,以便新梢伸出。

③嫁接后管理:在葡萄硬枝嫁接后,其砧木上往往会发出许多萌蘖,消耗营养,要及时抹除砧木萌蘖,及时摘除所有生长点。嫁接新梢长到50～60厘米时摘心,上架,促进新梢粗壮成熟。新梢摘心时,解除塑料条,防止影响枝条的加粗生长。嫁接植株,因砧木根系强大,生长一般表现强旺,若土壤肥沃应注意适当控制肥水,尤其是氮肥的施用量,防止徒长。

(三)水催根繁殖法

6月,剪取当年生蔓(下端带一节或两节二年生蔓),插入盛大半瓶水的罐头瓶中,取牛皮纸或塑料薄膜剪成瓶口大小的圆形,并剪一刀至圆心,然后把葡萄蔓夹在剪口中间,再用胶布之类贴好;将插了葡萄蔓的瓶移入较暖和的房间,15天左右出根,便可移到肥沃疏松的土壤中。一般一年能催根2～3次,每次15天左右,一个罐头瓶能插8～10株苗,利用层架,一个房间可培育2000～3000瓶,可育苗1.6万～2万株。

(四)绿枝压条繁殖法

绿枝压条繁殖(图 3-2)是将不脱离母株的枝蔓压入土中,发芽生根后,剪离母株而形成新苗木,对少数扦插不易生根的品种可应用此法。压条繁殖除培育苗木外,也常用在行间补缺上。

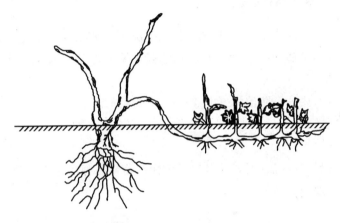

图 3-2　绿枝压条繁殖

1. 绿枝压条方法

绿枝压条的适期为 7 月上旬开始可持续到 9 月初。主梢压条时,副梢基部必须达到半木质化,绿梢长达 1 米左右为好,条上应有 10 个成熟节,也就是具有 10 个大叶片,就可以得到一株芽眼饱满、根系良好的壮苗,因此防病保绿叶是极为重要的措施。

绿枝水平压条后根集中发生在副梢的基部(即着生副梢的主梢节上),以及副梢下部的节上,每一个节可发出 1 丛根,一株苗上有 2~3 丛根就已足够。在压条前,要在压条沟内施入混有氮磷钾化肥或圈肥的营养土。压条深度以 10~15 厘米,副梢基部有 2~3 节压入土中为宜。压入后随生长随培土,培土总高度约 30 厘米,使之生根。绿梢前端的生长点继续延长,其后的叶腋还可继续形成新梢,压条后对副梢立支柱或吊枝,促进副梢生长,待副梢长到一定高度后进行摘心使副梢成熟。压条后的苗木至少有 3 个月的生长期。秋季将生根的小苗由母株上分段剪离成苗。

2. 绿枝压条的管理

(1)及时浇水,当天压的苗当天要浇水一次,以后 5 天一水,连浇 3 次,随后 10 天一水,连浇 3 次,随视墒情约 15～20 天一次,直到寒露。

(2)要注意防治病虫害,特别是霜霉病的防治。

(五)绿枝嫁接法

绿枝嫁接法(图 3-3)多应用于优良葡萄品种快速更新现有低产、低效葡萄品种。

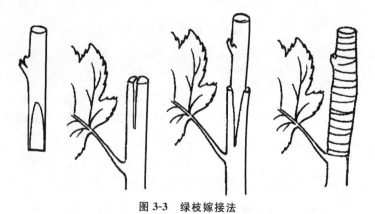

图 3-3　绿枝嫁接法

1. 砧木准备

(1)秋季埋土前(10月中、下旬),将植株地上部分留 2～3 厘米短桩后砍掉,做平茬处理。处理后埋土 20～30 厘米,保护根系安全越冬。第二年春季,从基部发生的枝条中选留3～4个壮条做砧木,新梢或萌芽全部剪去或抹掉。留下枝条要引缚上架并加强管理,保证砧木枝条生长健壮。

(2)在春季出土并流过伤流期后(4月中、下旬),对植株进行平茬处理,在剪口处覆5厘米土,以保持湿润防止伤口抽干,其余处理方法与(1)相同。

(3)如果植株已萌发并长出新梢,可采取"高部位嫁接法",即选留2～3个强壮的枝蔓,每枝蔓上选留1～2个强壮的萌芽或新梢,其余的枝蔓、萌芽、新梢全部剪去或抹除。留下的新梢中有果穗的也要将其抹除。加强管理,使留下枝条发育健壮,成为良好的砧木枝条。

2. 接穗准备

(1)确定接穗品种。干旱少雨地区以京早、美丽无核等品种为主;鲜食以红地球、巨峰、藤稔为主。

(2)选定采条母株(园)。接穗枝条应从固定的采条母株(园)中采集。应选择生长旺盛、枝条健壮、已正常结果、无病虫害的植株或园作为采条母株(园),通过加强管理,使其在嫁接期间不断地提供优质的接穗枝条。

(3)接穗枝条的采集。选取强壮的当年生营养枝条,不能过粗和过细弱,枝上芽眼要饱满。当枝条下半部已半木质化时是采集的最佳时间。从枝蔓上剪取下的枝条要除掉叶片(留下叶柄),采集成捆后插入水中,并用湿布遮盖好,防止失水。

3. 嫁接技术

(1)嫁接时间:以砧木和接穗枝条均已半木质化时为宜,在5月中旬至6月上旬。半木质化的检查方法是在枝条下部4～5个芽处横向剪断枝条,其断面为白绿色即为半木质化。

　　嫁接选早晨、上午、傍晚或阴天进行。避开高温和太阳直接照射时间,嫁接前 2～3 天灌水 1 次,利于成活。

　　(2)嫁接方法

　　①砧木处理:将选留的砧木枝基部 3～4 节处的顶芽上 2～3 厘米处剪断,在剪口处从枝条中间劈开一个 2 厘米长的切口,砧木枝条上留 2～3 片叶,叶腋间的芽及萌芽应全部抹除。

　　②接穗处理:接穗长度为 1～2 个芽的枝段,其顶芽上留 2 厘米,下芽下端留 4 厘米剪断。在下芽下端两侧距芽 1 厘米处下刀。向下削成 2～3 厘米长的对称楔形切面,切面应光滑平直。

　　③嫁接:将削好的接穗迅速插入砧木切入口中,对齐两者的形成层,如粗细不一致时,要对准一边的形成层。用手将结合部分压紧,用 1 厘米宽、40 厘米长的塑料布自下而上紧紧地缠到接穗顶端,只露出接穗顶芽眼,有条件时可在顶芽以上剪口处涂保湿剂,以防止抽干。

　　④补接:第 1 次嫁接后 7～10 天,可检查成活情况,方法是轻触接穗上留下的叶柄,如一触即落即为成活。如不活可在嫁接部位之下的节间剪断,再行嫁接。方法同上。

4. 嫁接后的管理

　　(1)嫁接成活后 1 周要及时灌水,生长季节灌 2～3 次水,秋季要控水促枝条成熟,8 月下旬后不灌水,但越冬水要灌足、灌好。上半年可追施 1 次化肥,每株 0.2 千克尿素。

　　(2)及时抹掉砧木上的萌芽,每 7～10 天检查 1 次,反复抹除。

　　(3)及时松绑。嫁接成活后 20～30 天,接口愈合已牢固时,先解开芽上部塑料带,再经 20～30 天后,取掉全部塑料带。

　　(4)当接芽长到 20 厘米以上时,要及时引缚上架,或临时支柱引缚直立生长,同时避免意外折断损失。

　　(5)进行"高部位嫁接"的植株,可在接芽长出的新梢基部已半木质化时,将砧木蔓及接穗新梢基部 10 厘米埋入事先挖好的深 30 厘米的条状坑中,促其发根后即成为一株新的接穗品种植株,断掉与原砧木的联结并将砧木株挖掉后完成改造过程。利用这种压蔓成株的方法,对原葡萄园行、株距进行调整与改造,建成新园。

第三节　葡萄苗木的规格及检疫

1. 葡萄苗木的分级

为了确保苗木(彩图 2)质量,必须严肃认真进行分级。

(1)自根苗:葡萄各品种,凡用一年生枝条露地扦插或保护地培育而成的一年生苗木,必须达到以下标准:

①一级苗

根系:发根分布均匀,根子长度在 20～30 厘米,粗在 0.3～0.4 厘米的达 10 条以上。

芽子:每株苗剪留 2～3 个饱满芽,基茎直径粗度 0.6 厘米以上,充分木质化。

②二级苗

根系:发根分布均匀,根子长度在 10～20 厘米,粗在 0.2～0.3 厘米的有 4 条以上。

芽子:每株苗剪留 2～3 个饱满芽,基茎直径达 0.4～0.6 厘米,成熟度良好。

(2)嫁接苗

①一级苗:砧穗接口愈合良好。

根系:根层分布均匀,粗度达到 0.2～0.3 厘米的保持 10～15 条,长度 15～20 厘米,木质化程度良好。

芽子:保持 3～5 个成熟饱满芽眼,基茎直径在 0.7 厘米以上。

②二级苗:砧穗愈合良好。

根系:分布均匀,粗度达到 0.2～0.3 厘米的有 5～10 条,长度至少 10～15 厘米,木质化程度良好。

芽子:保持 2～3 个,基茎直径达到 0.6 厘米,木质化程度良好。

2. 检疫与苗木消毒

苗木检疫是用法律的形式防止为险性病虫害传播的重要措施,各地苗圃和育苗单位必须严格执行。根据国家植物检疫部门的规定,我国葡萄苗木的国内检疫性虫害是葡萄根瘤蚜和美洲白蛾,检疫性病害是葡萄根癌病。

检疫由法定的检疫部门进行,经过检疫的苗木必须有检疫部门签发的检疫证和准运证方可向外运销。

生产上不但要杜绝检疫性病虫的传播,而且要尽量防止其他一些病虫的传播。因此,苗木不但要检疫,而且在运销前要进行苗木消毒。这对防止葡萄壁虱、介壳虫及黑痘病等病虫害的随苗传播有良好的作用。葡萄苗木消毒常用 3～5 度(波美度)的石硫合剂或 0.1% 的升汞溶液全株喷洒或侵苗 1～3 分钟,然后晾干,即可包装运销。

第四章　葡萄建园技术

葡萄是多年生的果树,经济栽培期一般在 20～40 年,因此,建园前园地的选择很重要。建园是要根据葡萄的生长特点与对自然环境条件的要求,选好园址,搞好规划,结合当地气候条件,选用适宜的优良品种,采用科学的方法进行建园。生产无公害绿色果品,才能取得良好的社会效益和经济效益。

第一节　露地葡萄园的建立

露地葡萄园的栽植品种包括鲜食品种和酿酒品种。

一、露地葡萄园地的选择与规划

露地葡萄园应考虑种植者所在的区域、气候、土壤等环境条件;还应考虑适宜栽什么品种,采用什么架式、株行距等因素。

1. 园地选择

露地葡萄园适宜大面积集中栽培,因此先要按自然气候、土壤、水源和交通等,无"三废"污染的地方选择园址。

(1)气候:按照葡萄生长与发育的条件要求,要选择气候条件适宜地区建园。

①光照：光照是热量的源泉，更是葡萄进行光合作用制造营养物质，供给本身生长与结果的重要因素。我国大部分葡萄产区，光照条件都比较适宜，尤其是西北、华北和东北南部等地，光照充足，温差大，生产的葡萄浆果，色泽好、含糖量高，品质上乘。

②温度：温度是葡萄生长与结果的必备条件。世界葡萄栽植区多分布在北纬 20°～52°及南纬 30°～45°。好的葡萄栽植区多在北纬 40°左右。经济栽培区要求等于或大于 10℃有效积温不应少于 2500～3500℃。春季，欧洲种在 12℃左右才开始萌芽；20～25℃是生长结果的适宜温度，开花期气温不能低于 14～15℃，浆果生长期不宜低于 20℃，成熟期不低于 16～17℃。高温对葡萄生长有害，40℃以上的高温将使叶片变黄变褐，果实日灼。低温霜害是选择园址应考虑的问题，春季晚霜将使幼嫩的梢尖、花序受害；北方地区也易受秋季早霜的为害。因此，吉林、黑龙江、辽宁、内蒙、山西等一些地区因受热量的限制，露地栽植只能栽植早熟和中熟品种。冬季严寒对欧洲种葡萄威胁很大，成熟枝条的芽眼能耐受－18～－20℃的低温，如果－18℃的低温持续 3～5 天，不仅芽眼受冻，枝条也将受害。欧洲种葡萄的根系，－4～－5℃时即受冻。因此北方严冬地区冬季要对葡萄藤蔓进行掩埋。

(2)适宜的土壤：葡萄根系在中性或略偏碱无污染的砂质壤土中生长较好。因为根系在土壤中需要氧气，有充足的氧气根系才能有良好的吸收功能。因此要选疏松透气性好，含有机质多的土壤进行建园，对河滩地、盐碱地及瘠薄的山坡地应改良后建园。

①河滩地葡萄园：建园前换沙填土，葡萄沟底多铺未腐熟的秸秆，上层施用有机肥，提高土壤保水力和保肥力。

②山地葡萄园：改良土壤的方法主要是深翻扩穴，清除大石砾，填入肥沃的土壤和粪肥。最好修造梯田，或按等高栽植，修好防水壕，防止水土流失。建园后，随树体生长逐年扩大树穴。

③盐碱地葡萄园：这类葡萄园多分布在滨海和内陆低洼地区，

地下水位高,土壤含盐量高,土质黏重,透气性差,早春地温回升慢,建园时,应将地下水位控制在 80~100 厘米,淡水压碱,作台田、条田排水透碱或暗管排碱,使土壤的含盐量不超过千分之一。盐碱较重的台面上可用黄土加沙掺和有机肥混合换土。

(3)水源:葡萄是喜水浆果,生长期需水量较大,一般春季干旱季节,每隔 10~15 天进行 1 次灌水。因此,建园地址还应考虑水的条件,有适度而均衡的水分供应是葡萄正常生长的保证。

(4)交通:葡萄较不耐贮运,因此要选择交通方便地区建园。如果是生产葡萄酒的果园,可建在葡萄酒厂附近。

2. 园地规划

建立大、中、小型露地葡萄园,对园地都要进行科学的规划与设计,使之在先进的管理模式下,采用先进的技术,合理地利用土地、减少投资,提高浆果质量和产量,创造较好的经济效益。

(1)作业区的划分:作业区的面积要因地制宜,平地以 30~50 亩为 1 小区,4~6 个小区为 1 个大区,小区形状以长方形为好,长边应与葡萄行向一致,便于作业;山地以 10~20 亩为 1 小区,以坡面和沟谷为界线,确定大区的面积,小区的长边要与等高线或梯田壁方向平行,以利于灌、排水和机械作业。

(2)道路系统:葡萄园的道路规划和设计应根据葡萄园面积的大小而定。葡萄园道路系统一般应由主干道、支道、作业道组成。主干道应贯穿葡萄园的中心部分并与园外相通,一般设计宽 6~8 米以方便机动车运输,面积小的设一条,面积大的可以纵横交叉,把整个园区分割成大区,支道设在作业区边界,一般与主干道垂直,宽 4~6 米。作业区内设作业道,与支道连接,是临时性道路,可利用葡萄行间空地或田埂。不同路面的宽度应根据地势、面积等,本着方便运输、作业和节约用地的原则来设置。

(3)排灌系统:排灌系统是葡萄标准化栽培、生产优质葡萄所必须的园地规划内容,一般排灌渠道应与道路系统密切结合,设在道路两侧。葡萄是需水量大的树种,及时、足量的灌溉是维持正常生长和果实品质的关键,因此葡萄园应有良好的水源保证。通常的沟渠系统包括总灌渠、支渠和灌水沟三级灌溉系统,按千分之五比降设计各级渠道的高程。现代果园的灌溉系统还应包括喷灌和滴灌系统。特别是滴灌系统,具有显著的节水功效。

葡萄园的排水系统也是必不可少的,主要是为了解决果园土壤中水分和空气的矛盾。在地下水位高,雨季可能发生涝灾的低洼地,地表径流大,易发生冲刷的山坡地以及低洼盐碱地等,必须设计规划排水系统。排水系统可分明沟排水和暗沟排水两种。明沟排水快但占地面积大且需要经常整修,明沟以排除雨季地表径流为主,兼有降低过高地下水位的作用,特别是盐碱地兼有通过灌水洗盐的作用。暗沟排水可利用瓦管或用石板砌成,也可在沟底填入鹅卵石,再铺细沙后用土填平,成为砾石排水沟,优点是不占用或少占用果园的土地,不影响作业,缺点是投资较大。

(4)管理用房:大型葡萄园的管理用房包括办公室、仓库、生活用房等,一般修建在果园中心或一旁有主干道与外界公路相连处。管护房建于果园四周。仓库则建在取出或放置物品方便的地方,一般与主干道相连。用于观光采摘的果园,另外还建有供游人休息的相关建筑。管理用房占地面积一般不超过葡萄园总面积的2%～5%。

(5)行向:行向按当地主风向、地形、地貌和架式不同而异,一般平地南北向光照较好,坡地行向要与坡向等高线方向一致。

(6)栽植方式:为了灌水和耕作管理的便利,一般葡萄多采用畦栽方式。

①平畦栽培:在地下水位高或低洼易发生涝害或盐碱较重的地块,多采用高畦栽培。一般情况下定植行高于果园其他部分20～40厘米。如在地下水位过高的地区,定植沟挖40厘米左右,

施入有机肥料覆土灌水沉实后,在栽苗时直接把苗立在定植点上,从行间取土栽苗,沿定植沟隆起一条垄状条带,这样由于栽植点相对较高,使水位相对降低,有利于葡萄根系的生长发育,同时利于排灌作业。

②低畦栽植:将葡萄栽在定植沟内。此方法只限于在排水良好且需要埋土防寒的地区,排水不良或土壤黏重地区不宜使用,否则易引起雨季积水,不利于根系正常的生长发育。具体操作时,挖深约 1 米的定植沟,施肥后回填 70～80 厘米浇水沉实后,苗木就定植在距地面 20～30 厘米处的向阳一侧。这样栽植行成一条浅沟,埋土防寒时在沟上搭上秸秆等覆盖物后覆土,葡萄枝蔓不直接接触土壤。

3. 露地架式的选择

露地架式的选择一般应根据当地气候特点及品种特性而定。一般在我国北方地区大多采用棚架,以便植株防寒取土,使根系不致因大量取土而裸露受冻害。但为了获得快速丰产,生产上应尽可能采用抗寒砧木嫁接苗,缩小行距;而在冬季不需要防寒的华中及南方地区多采用篱架,生产中多用单壁、双篱架,具有管理方便、通风透光条件好等特点,篱架多以南北行向为宜,这样利于通风透光。

(1)篱架:篱架也叫墙壁式篱架,分为单篱架和双篱架。这种架形适宜冬季不防寒或简易防寒地区。栽植密度大,植株成形快、结果早、早丰产,并且便于机械作业和各项田间管理。

①单篱架(图 4-1):一般行距 2～2.5 米,按栽植行设立支柱,支柱上架 3～4 道 8 号或 10 号铁丝,第一道距地面 50～60 厘米,往上每隔 50 厘米架设一道。葡萄的枝蔓和新梢引绑在铁丝上,架高 1.8～2.2 米(埋入地下 50 厘米未包括在内),株距 0.5～1 米,每亩合 330～666 株。该架适于长势中庸或偏弱的品种和采用扇形及水平形树形,如玫瑰香、京秀、奥古斯特、玫瑰早、凤凰 51、87-

1等。单篱架的优点是防除病虫、土壤管理、修剪、摘心引绑、采收等方便,大部分作业项目可用机械,架面和地面都能接受阳光照射,果实容易着色,品质好,架的两面都能受光,营养面积大,产量高。缺点是植株垂直生长,极性强的品种难以控制。

②双篱架(图4-2):是由两条略向外倾斜的单立架并列组成。架高1.6~2.2米,双立柱下部间距60~80厘米,上部间距100~120厘米,埋立柱时深度50厘米,架头要向外倾斜,与地面成75°左右,用铁丝加锚石拉紧。架头上部用1根竹竿或横梁固定形成倒梯形。其立柱间距及铁丝分布与单立架相同。苗木定植在双立架中间便于引绑主蔓。优缺点是架面大,适宜长势较旺品种,产量高,但通风透光差,各项作业不便,适宜不防寒土地区应用。

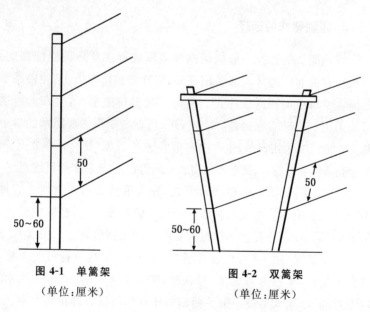

图4-1　单篱架　　　　　　图4-2　双篱架
（单位:厘米）　　　　　　（单位:厘米）

③T形架(图4-3):由立柱和横担构成,立柱顶端架设横梁,并与其垂直成"T"字形。

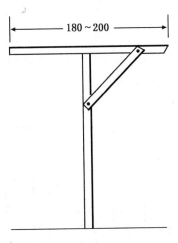

图 4-3　T 形架(单位:厘米)

立柱用钢筋水泥制成,直径 8~12 厘米,横梁长 1.8~2 米(也用钢筋水泥制成),也可用角钢、板铁、钢筋棍或木杆制作。架高 1.8~2 米(包括埋入地下的 50 厘米),也有 1.5~1.8 米的。将支柱埋在行内植株的后面,柱与柱的距离,一般根据葡萄株行距而定(如株行距为 2 米×2.5 米,柱距为 5~7 米),两端边柱用铁丝加锚石拉紧。横梁上两端各拉 1~2 道铁丝,适用"Y"字形树形。这种架式较低,除利用地面辐射热外,由于架面窄,还可利用两边空档见光,可提高葡萄品质。同时,喷药、摘心、松土等管理都比较方便,适宜机械作业。不论埋土防寒地区或露地越冬地区,大面积发展葡萄可采用此架。

(2)棚架:在垂直的立柱上设横梁,其上横拉 10~20 道铁丝形成架面,使架面与地面平行或略有向上倾斜形成荫棚故称棚架,按其构造大小及架形不同分为水平式的大棚架(即大面积棚架连成一片)、倾斜式大棚架、连接式棚架、倾斜式的小棚架等。

①水平式大棚架(图 4-4):水平棚架适合在地块较大、平整、整齐的园田,地块一般不小于 15 亩。每行设一排 10 厘米×10 厘

米的钢筋水泥柱,高度均为 2.2～2.5 米,因架头立柱受拉力较大,
应设 12 厘米×15 厘米的水泥钢筋柱并向外倾斜式埋入地下提高
拉力。立柱上的横梁由两条 8 号铁丝拧成绳代替,棚面上铁丝间
距45～50厘米,呈水平面纵横交织在一起,整个小区的架面连成
1 片或 2～3 片,组成水平式大棚架。

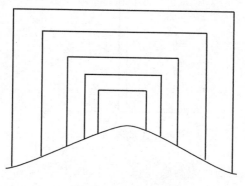

图 4-4　水平式大棚架

水平式大棚架的优点,架面平整一致,能节省 40%～50%的
立柱和大量横梁。全架骨架连成一片,比较牢固耐久,适宜大面积
平地或坡地。但是应注意葡萄蔓的走向,葡萄蔓的走向应与当地
生长期有害风向顺行,以防止新梢被大风吹折。缺点是一次性投
资较大,梁面年久易出现不平。适宜生长势较旺品种,如龙眼、红
地球、里扎马特和巨峰群品种。

②倾斜式大棚架(图 4-5):倾斜式大棚架是多个倾斜式棚
架连接在一起组成 1 个连棚架。其架根柱高 1～1.2 米,架梢柱
高 2.2～2.5 米,架长 7～10 米,架中部每隔 4 米设置三根立柱。
在立柱上设一顺梁,在顺梁上每隔 40～50 厘米横拉 1 道铁丝,全
架拉 14～20 道铁丝,组成倾斜式大棚架。这种架式应用较广,在
平地、坡地、山地都在采用。其优点是充分利用空间增加经济收
入。缺点是在北方冬季防寒地区上、下架不方便。适宜冬季不防

寒或简易防寒地区,要选用长势较强的品种,如龙眼、红地球等品种。

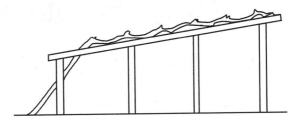

图 4-5 倾斜式大棚架

③连接式棚架(图 4-6):架长可随地和栽培面积而定,架宽随葡萄栽植行距而定,一般为 6～7 米。架形呈倾斜式向前爬行,一般坡度为 10°～12°,坡度太大时枝蔓先端优势过强,后部形成瞎芽或光秃。架杆:架根 1.2 米,架中 1.3～1.5 米,架梢 1.5～1.8 米,每亩需要 65～70 根水泥柱。柱的粗度以 12 厘米×12 厘米为宜,每根水泥柱承受面积为 9 平方米左右。水泥柱的制作长度为地面高度加上入土的 30～50 厘米(风大而多的地方可埋 50 厘米),然后以 8 号铅丝连结成 40～50 厘米的纵横网格。葡萄的枝蔓顺网格进行引绑。每亩栽植 60～80 穴,每穴 2 株,每株 1 蔓。用短梢修剪,主蔓成多条龙爬在架面上。这种架的优点是架面大,果穗垂下向阳,架面下可见光度好,有一定的倾斜度,葡萄树势不易早衰,操作比较方便,特别是梯田坡地更为适宜。

④倾斜式小棚架(图 4-7):架长 4～5 米,根柱高 1～2.4 米,架梢柱高 1.8～2.2 米。在架头和每间隔 3～4 米都设有架杆,其上每隔 45～50 厘米横拉一道铁丝,共拉 8～10 条组成小棚架面。小棚架的优点是架短,植株成形快、管理方便、结果早、通风透光、产量稳定、果实品质好。小棚架在我国南北方广泛应用,适宜选用长势中庸的香妃、87-1、玫瑰早、玫瑰香、奥古斯特等品种。

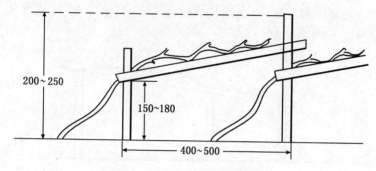

图4-6　连接式棚架（单位：厘米）

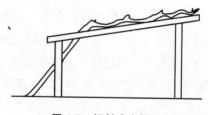

图4-7　倾斜式小棚架

二、露地葡萄苗木的定植

1. 栽植时间

苗木定植时期主要是春、秋两季，春季在 4～5 月份，秋季10～11 月份。葡萄栽植时间应根据各地气候情况而定。在山东、河南、黄河故道和河北、山西南部地区，以秋末冬初栽植较好，从 11 月上旬开始到 12 月上旬结束，不论植苗或插条，根系或伤口与土壤密接时间长，有利于伤口愈合和第二年生长。河北、山西北部至内蒙古、辽宁、吉林等寒冷地区，春栽成活率高，因为这些地区的冻土层均在 1～1.5 米左右，秋季栽苗易受冻害。春栽时间，应在 4 月下旬至 5 月上中旬，气温稳定上升，土壤温度达到 10～15℃

时,有利于插条生成、愈伤组织和迅速发生新根。

2. 栽植密度

一般情况下,篱架葡萄行株距为(2~2.5)米×(0.6~1)米,每亩栽植 266~555 株;棚架行株距为(4~6)米×(0.8~1)米,每亩栽 177~210 株,北方地区较南方稍密一些,生长势中弱的品种较生长势强的品种稍密一些。

3. 苗木准备

无论是自育苗还是购买的苗木都必须是检疫合格的苗木,在我国主要检疫对象是葡萄根瘤蚜和美国白蛾。对检疫合格的苗木,栽植前要进行根系处理及消毒,以避免病虫害传播,一般定植前 1~2 天取出苗木,先剪去运输及贮藏过程中的伤根,再剪去根尖露出的白色部分,这样有利于新根的生长,一般根系剪留长度应大于 20 厘米。然后用清水浸泡 12~24 小时使苗木充分吸水,再根据苗木感染病虫的种类,对症应用消毒剂。

(1)敌敌畏处理:使用 80%敌敌畏 600~800 倍液,浸泡苗木15 分钟,捞出晾干备用。

(2)辛硫磷处理:使用 50%辛硫磷 800~1000 倍液,浸泡苗木15 分钟,捞出晾干备用。

(3)硫酸铜处理:用 1:100 倍的硫酸铜溶液,浸泡苗木 15 分钟,捞出晾干备用。

(4)用针对性杀菌剂:针对葡萄具体病害,采用相应的药物浸泡苗木杀死病菌。

(1)、(2)主要针对虫害,包括葡萄根瘤蚜和美国白蛾等。(3)、(4)主要针对葡萄病害。也可以根据具体情况采用杀虫剂加杀菌剂结合的综合防治方法,达到苗木消毒的目的。

4. 定植

(1)移栽定植:将消过毒的苗木,按设计好的行株距,挖30~40厘米深宽的栽植坑,施入少许磷酸二胺或其他速效氮肥用土拌匀。然后将苗木放入坑中,苗木根系要向四周舒展开,不要圈根,如需防寒地区,小苗枝蔓统一斜向下架防寒方向。覆土时要分层覆土,当填土超过根系时,用手轻轻提起苗木抖动,使根系周围不留空隙,然后填土至坑满,踩实,嫁接苗覆土高度至嫁接口3~5厘米处,扦插苗根颈部与栽植沟面平齐为宜。栽后灌透水一次,待水渗后再覆土。在干旱或风大地区栽苗后在苗木顶部用土堆成高4~5厘米,直径15厘米左右的小土堆,以防芽眼抽干。隔5~7天再灌水一次,有利于苗木成活。最好采用地膜覆盖,有利于提高地温和保墒,促进根系生长。

(2)直插定植:葡萄直插建园是近年来我国北方葡萄产区广为采用的一种不经过育苗阶段,而将插条一次性插定于植株栽植穴中,直接培育成苗的一种快速建园方法。由插条到建园一次到位,方便简便,在管理良好的条件下,苗木生长迅速健壮,一般第二年即可开始结果。

①挖好栽植沟:一般是按栽植行距要求,挖好宽0.6~0.8米、深0.8米的定植沟,沟底填入切碎的玉米秸秆,然后再用混合好的表土与有机肥将沟填平,并灌1次透水使沟内土壤沉实。

②整理插植带:待插植沟内表层土壤略干不发黏时进行整地,气候较干旱的地区可在定植沟内做平畦,即按植株行距要求将定植沟内土壤翻锄、整平,做成宽度为60厘米的平畦,以利苗期灌水,而在土壤气候较为潮湿的地方可做宽度为40~50厘米的垄或高畦。无论是垄或畦,地表一定细致整理。定植地杂草较多时应在整地时喷洒1次除草剂。为了保证良好的育苗效果和促进苗木健壮生长,直插建园时定植带应铺盖地膜,膜的周边用细土压实。

③正确决定扦插时间:直插建园开始时间一定要适合。插植过早,地温过低插条不易萌发;而扦插过晚,气温升高较快,插条上的芽易萌动而根生长滞后,也易形成萌发后生长退缩现象。根据多年观察,华北北部地区在土壤覆膜条件下直插建园开始时期以4月中旬为宜,而华北南部则应略早,华中、华南地区则在3月下旬至4月初即可进行。

④插条剪截与催根处理:直插建园多用长条扦插,即一个插条上至少要保留2～3个芽眼。插条长,插条内贮藏养分就较多,就有利于插条发根和幼苗生长。为了保证直插建园的效果,对插条应进行催根处理,方法与前述方法相同。

⑤扦插方法:直插建园将育苗与定植一次进行,因此在扦插时一要注意扦插密度,二要注意保证有足够的成苗率。为了保证直插建园的植株密度,在扦插时可按规定的株距在定植沟的覆膜上先用前端较尖的小木棍在扦插穴上打2～3个插植孔。为了保证每个定植穴上都有成苗的植株,一般每个插穴上应沿行向斜插2～3个插条,插条间距离10厘米,形成"八"字形,插条上部芽眼与地膜相平,扦插后及时向插植穴内浇水,水略渗后即用细土在插条上方堆一高约10厘米的小土堆。堆土对促进插条成活有十分重要的作用,在春季干旱的华北、西北地区更为重要。

⑥插后管理:一般扦插后15～20天插条即可开始生根和萌动,对少数未萌动的可细心地扒开覆土进行检查,防止嫩芽被压在地膜下或上部芽眼未萌而下部芽抽生。检查后要及时用细土再次覆盖。多年实践表明,只要插条健壮,芽眼饱满,方法得当,直插建园成活率均可保证在85%～90%。

5. 苗木管理

葡萄苗木栽后管理十分重要,重栽轻管往往带来巨大损失。轻则幼苗长势弱,病虫为害严重,重则可能导致幼苗死亡。因此要加强管理,争取达到全苗、长势壮,为早期丰产奠定基础。

(1)肥水管理:刚栽植的幼苗要注意保持土壤湿润,若发现土壤干旱时,一定要及时灌水。早春地温较低,灌水要适量,不宜过大,以湿透干土层为准。否则易使地温过低,不利于幼苗根系生长,另外肥水管理是葡萄早期丰产的关键技术,当新稍长至25~35厘米时,在距苗30厘米开环状沟追施尿素,一般每株施用10克左右,并结合土壤墒情进行浇水,浇水后及时松土。由于定植苗根系较小,用于吸收营养元素也相对较少,因此要勤追少施,年追施3~4次即可,追肥时间20~30天一次,前期以追施氮肥,利于植株生长为宜,进入7月份以后以追施磷、钾复合肥为主,以利于花芽形成和枝条充分成熟。随着苗木的生长,开沟要适当外移,并根据苗木生长情况酌情增加施肥量。追肥后要及时灌水、松土、中耕除草。

(2)立架扶直:苗木管理良好时生长十分迅速,因此要及时立架、扶直。若因种种原因一时不能完成立架工作时,可采用插竿扶直或立简易杆等措施引缚枝条直立生长,促进枝条健壮及早成形。

(3)除萌定枝:当嫩稍长至3~5厘米时,要加强定植苗木抹芽、定枝、摘心等工作。嫁接苗要及时抹除嫁接口以下部位的萌芽,以免萌蘖生长消耗养分,影响接穗、芽眼萌发和新稍生长。当新稍长至20厘米时,要根据栽植密度和整形要求进行定枝,要选择粗壮的留下,并引绑在杆上以防风大折断,多余的枝芽剪除,使营养集中加速枝蔓生长。

(4)绑条、摘心:当苗长至10~12片叶时要及时绑条,随长随绑。当苗木长至1~1.5米时,要及时进行主梢摘心和副梢处理,首先要抹除距地面30厘米以下的副梢,其余副梢要留1~2片叶反复摘心,当主梢长度达1.5米时再次摘心,根据当地气候及架式主梢摘心,长度可适当延长,如棚架葡萄在南方,主梢可以在2~2.5米时摘心。通过多次反复摘心,可以促进苗木加粗、枝条木质化和花芽分化。

(5)病虫害防治：及早防治地下害虫和早期叶部病害是保证建园苗木健壮生长的关键。发芽前后防治金龟子，方法是用 800 倍敌百虫液拌上切碎的青菜叶作毒饵，傍晚时撒在幼苗周围诱杀；防治霜霉病，用 40％乙磷铝可湿性粉剂 300 倍液或 25％甲霜灵 600 倍液细致喷布叶背和叶面，能有效防治霜霉病的发生。另外，也可从 6 月中旬开始每半月喷 1 次 200 倍等量式波尔多液。

(6)冬季修剪：冬季修剪时在枝条充分成熟，直径在 0.8～1 厘米的部位剪截(结合整形要求决定剪留长度)。主梢上抽发的副梢粗度在 0.5 厘米以上的，可留 1～2 芽短截，作为下年的结果枝，清除落叶枯枝、杂草，并结合冬剪剪除带菌枝条。

(7)埋土防寒：北方地区冬季严寒，冬季要进行埋土防寒。覆土厚度因地区而异。一般不少于 20～25 厘米，并浇足防寒水。

第二节　设施栽培葡萄园的建立

葡萄设施栽培是指人们为了提早或延迟葡萄上市时期，在不适合葡萄生长发育的寒冷季节或不适合某些品种露地栽培的寒冷地区及多雨暖湿地区，在一定设施内人为地创造适合葡萄植株生长发育的小气候条件，进行葡萄生产的一种特殊形式。设施栽培有加温日光温室、不加温日光温室及塑料大棚。根据目前生产上应用的实践，葡萄的设施栽培分为促成栽培、延迟栽培和避雨栽培三种形式。促成栽培是指利用温室或大棚的增温保温效果，通过早期覆盖实施，提早葡萄发芽时间，提前成熟的一种方式，可使果实提前 2～3 个月上市。延迟栽培是利用温室或大棚的增温保温效果，通过后期覆盖实施，延迟葡萄的生育期，延迟落叶，使果实延迟采收的一种方式，可使果实延迟 1～3 个月上市。避雨栽培是利用大棚设施,在生长期仅保留顶部薄膜,起到避雨防病的目的,可以扩大葡萄的种植范围,使广大的暖湿地区亦可以种植高品质的欧亚种,不仅品质提高,而且可以少打或不打农药。

一、设施栽培葡萄园的选择与规划

1. 园地选择

设施栽培葡萄园的选择要求是保护地葡萄园一般应选在背风、向阳、地势开阔、无遮荫物、光照充足、排水、灌水条件良好的地段。土质以肥沃的 pH 值在 6.5～7.5 范围内的沙壤土为好,沙土和黏土地要先进行改造后才能建园。温室或大棚间要有一定间距,以防止互相遮荫和有利作业。园址应选在靠近城市郊区或乡镇消费市场,或交通十分便利的地方。园地附近要有充足的水源,确保葡萄正常生产所需灌、排水。

2. 整地与施肥

(1)整地:对全园进行耕翻,行距确定在 260～280 厘米,每两行要有一条宽、深各 30 厘米以上的灌水沟。

(2)整畦:行中间挖栽植沟,宽 40～60 厘米,深 30～50 厘米,根据地理条件,表土与心土分开堆放。整畦时把边上和面上较疏松的土往中间耙成龟背形,以推高有效土层。

(3)基肥:挖好栽植沟后,在沟底放一层麦秸、稻(杂)草等,与土混合,铺一层松表土,上再铺有机肥,按每亩 3000～5000 千克的畜禽粪或 200 千克左右的饼肥施入栽植沟,肥与每亩 50～75 千克磷肥及表土混合,最后填上心土,略高于地面成龟背形。

整地、整畦、施肥必须在入冬前完成,以便对翻耕及挖沟翻上来的土块经冬季冰冻后自然氧化,从而达到腐熟基肥、杀虫、松土、肥土的目的。

3. 架式的选择

设施栽培因为不需要下架防寒或只需简易下架防寒，所以设施内常用的架式有篱架和小棚架两种，篱架采用南北行栽植，小棚架采用东西行栽植。

4. 设施栽培葡萄品种的选择

要选择对直射光依赖性不强、散射光着色良好，生长势中庸，穗大、两性花、丰产、优质、色鲜的品种。如若搞促成兼延迟栽培，一年结二茬果，还应选择具有多次结果能力的品种。目前以优质的早中熟品种为主，有京亚、香妃、乍娜、凤凰51、87-1、无核白鸡心、京秀、京玉、普列文玫瑰、高墨、黑蜜、玫瑰香等。

二、葡萄设施栽培的类型

1. 日光温室

日光温室(图4-8)或称薄膜温室，是由保温良好的单、双层北墙、东西两侧山墙和正面坡式倾斜骨架构成，骨架上覆盖塑料薄膜而形成一面坡式的薄膜屋面，薄膜上盖草帘保温。利用阳光照射的热量使室内升温，也有的地区在室内增设暖气、加温烟道或火炉等加温设备，成为加温温室。

日光温室的框架可因地制宜采用木杆、竹竿、钢筋、水泥等制作，基本结构一般为宽7～9米，北墙(后墙)高2.5～2.7米，东、西、北三面墙宽30～50厘米，用泥土或砖堆砌而成。脊柱高3米(无脊柱的后墙高3米)，距温室前缘1米处的垂直高度为1.2～1.5米左右，温室的长度可视土地面积而定，一般为30～100米。

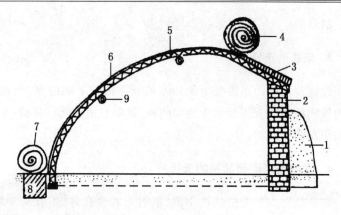

图 4-8　钢拱架日光温室示意

1. 后墙外保温土；2. 后墙；3. 后室面；4. 草苫；5. 钢拱架；
6. 薄膜；7. 纸被；8. 前防寒沟；9. 横向联结梁

框架前坡应设 2～3 排立柱，柱间距 1.5～2.0 米。东西两侧设出入门和作业间。

日光温室由于具有倾斜度较大的坡式薄膜屋面，白天能使阳光充分射入室内，冬季阳光直射北墙，增加室内反射光及热能，使室内增温。夜间北墙阻挡寒风侵袭，有利于保温。有的地区在薄膜屋面上加盖草帘或棉被，保温效果更好。日光温室的缺点是东西两面山墙遮光面较大，上午东墙遮光，下午西墙遮光，使两墙附近的植株由于受光少而生长发育较差，果实成熟稍晚。

2. 塑料大棚

塑料大棚（图 4-9）多采用聚氯乙烯（PVC）膜、聚乙烯（PE）膜和醋酸乙烯（EVA）膜覆膜，同温室葡萄相比，具有投资少，效益高，设备简易，不受地点和条件限制等优点。

塑料大棚是由钢筋或木杆经焊接和搭成拱形骨架，上覆塑料薄膜。目前各地塑料大棚的种类很多，结构规格各异，总的来看，有竹木结构和钢架两类。

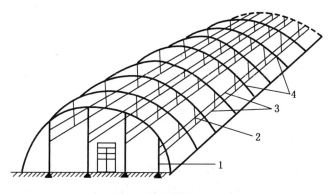

图 4-9 塑料大棚示意

1. 立柱;2. 短柱;3. 拉杆;4. 拱杆

(1)竹木结构塑料大棚:竹木结构大棚的棚顶为大半圆拱式,南北向建棚,如长为 50 米,东西宽 12 米,东西向每 2 米设 1 立柱,共有 7 根立柱直接顶在竹竿或竹片上,南北向每隔 1 米设 1 立柱,每排有立柱 5 根,共需 357 根立柱。立柱粗以直径 3～4 厘米为好。棚中心柱地上部高 2.2 米,两侧柱依次为 2 米、1.8 米,边柱高 1.6 米。立柱上部用东西横梁连接,横梁用粗 2～2.5 厘米的竹竿连接,南北用粗 2 厘米左右的竹竿在立柱顶部向下 30 厘米左右处连接,防止东西向拉压膜线时受阻。该棚特点是省工易建,成本低,多柱支撑牢固,作业不便。

(2)装配式镀锌薄壁钢管塑料大棚:该棚高度 2.5～3 米,跨度 8～12 米,长度 50～80 米,用直径 22 毫米×(1.2～1.5)毫米薄壁钢管制成拱架、拉杆、立杆(棚两头用),拱架间距为 1 米左右,用卡具套管连接棚架组成棚体,用卡膜槽固定塑料薄膜。其特点是棚内无支柱,作业方便,光照充足,有利于葡萄生长发育,覆盖薄膜方便,镀锌钢管可用 10 年以上。

塑料大棚的优点是光照比日光温室好,全天棚内各部分都可均匀接受光照,而且增温迅速,即使在早春和晚秋季节,白天增温也很快。其缺点是散热快,保温性能较差。

3. 加温玻璃温室

加温玻璃温室用于年平均气温 15℃ 线以北的地区,在寒冷的冬季加热,提高室内温度。加热系统可利用暖气、地热、电厂余热、火炉等。

加温玻璃温室应坐北朝南,在寒冷地区最好是半地下式的,地面低于田面 0.8～1 米,高度 2～3 米,后墙高度 2.5～3 米,前立窗高度 0.6～0.8 米,宽 7～9 米;后墙上部设一排高度 0.5 米左右的通风窗。玻璃屋面的框架由 40 毫米×40 毫米角钢焊接,采用厚度 5 毫米的平板玻璃或钢化玻璃。

玻璃温室由于有加热设备,可人为调节室内环境,按需要选择加温日期,做到葡萄常年生产。但是这种温室投资大、生产成本高。

4. 简易拱棚促成栽培

(1)露地栽培埋土越冬的葡萄,于常规出土上架前 20 天左右出土,撤除防寒物,并搭设小拱棚。小拱棚的跨度一般为 1.5 米,拱棚中部高度 80 厘米,用 3 米长竹片拱成。拱架(竹片)距离为 80 厘米,竹片两端插入地下 15～20 厘米,拱架间用草绳拉紧固定,再覆 1.5 米宽薄膜两幅(或 3 米宽薄膜一幅),两边用土压严。小拱棚上每隔 1 米拉一个蹬线,用小木桩固定于拱棚两边,以便放风;这种设施可使葡萄提早成熟 15～20 天,对早熟品种更能提早上市,提高商品价格。对促进生育期较短地区的中、晚熟品种充分成熟,亦有明显作用,单位面积收益可比露地葡萄提高 1～1.5 倍。这种设施栽培方式投资较少,效益高,深受果农的欢迎。

(2)对于冬季不下架埋土,采用篱架栽培,有干双臂树形(T字形)的葡萄植株可在植株上部搭设拱形框架,在 2 月、3 月沿行向铺设聚乙烯薄膜将葡萄树冠部分包括双臂以及臂上的多年生枝和一年生枝包住,可以使葡萄萌芽提前,果实提早成熟2周以上,同时可以减轻冻害和病害,提高果实品质,同样提高了种植效益。

5. 简易拱棚延迟栽培

对大田篱架栽植的葡萄进行简单保护,使其延迟采收,收到了明显的效果。具体方法有两种:一是利用塑料篷布膜进行避霜保护法。覆盖前首先利用篱架葡萄(株行距1米×1.8米)的石柱(或水泥柱)作支柱,在高出葡萄顶部叶片10~15厘米处,固定长4米左右的竹竿作为横梁,在葡萄上方形成牢固的框架结构,然后覆盖塑料篷布膜,四周用绳索拉紧,防止大风吹翻。每三行葡萄为一结构体,四周不盖,以利通风。霜降前覆盖,覆盖后,昼夜不揭膜,直到小雪前后采收结束。二是塑料大棚保护法,即每3~4行葡萄为一结构体,利用两边行各立柱的顶端固定竹片做一拱形,拱高离葡萄顶端叶片20~30厘米,将各拱形竹片联结牢固,霜降前覆盖无滴膜。同时将四周用薄膜盖严,整个园形成一个连体大棚。白天揭开四周薄膜,通风降温,夜间放回原处用土压严保温。

采用这两种方法,可延迟采收25天左右,明显改善了葡萄品质,丰富了果品市场,与常规种植相比,收入可翻一番。

6. 避雨棚

南方设施栽培葡萄主要为避雨棚(图4-10)(T形架)栽培形式,因此,扣棚时间一般在雨水来临之前,通常3~4月份进行。扣棚时在原葡萄架立柱上部增设半拱形设施,其上再覆盖薄膜,防止雨水降落到葡萄枝叶蔓上,达到防雨防病的目的。现在又将避雨棚改进为保温避雨棚,在早春气温较低时,将避雨棚下部加长围膜或称裙膜,使之达地面,用土压实即可,以利增温、保湿,提早发芽、开花,到高温多雨季节将围膜撤掉,只留上部避雨部分。具体做法

是在原葡萄架水泥立柱上,增加一个拱形避雨架,横担长 50～60
厘米,将其固定在葡萄架的柱子顶端,用竹片做成半圆形架,在拱
架上拉 3～4 道 12 号铁丝再覆上塑料薄膜后即形成避雨棚。如在
多雨地区新建园时,制作水泥柱或截木柱时都要比一般柱加高 50
厘米,并在水泥柱上端制成 2 个小孔,以便固定保温避雨架。

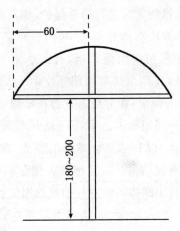

图 4-10　半拱式遮雨架(单位:厘米)

三、设施栽培苗木的定植

1. 苗木的定植模式

定植苗可选择 1 年生扦插的营养钵苗。一般冬季空闲的大棚
或准备新建的大棚,可用 1 年生扦插苗。冬春种植蔬菜需倒茬的
大棚,可在 5 月中下旬至 6 月初蔬菜收获后定植。营养钵苗同样
可以达到翌年丰产的效果。

(1)一年一栽式:一般篱架式整形,每年栽植 1 次,第 2 年采收
后移出,另栽预备苗。采用等行距或大小行定植,栽植密度为每亩
1000 株×2000 株,行株距可采用 1 米×0.5 米、1 米×0.6 米、

1.5米×0.5米×0.5米、1米×0.5米×0.4米等多种形式。栽前挖定植沟,采用单行定植,一般定植沟深度和宽度各0.5米,隔行开挖,将表土和底土分放,然后回填,回填时注意先填表土,再填底土,同时混入足量充分腐熟的有机肥,最后灌透水。如采用大小行定植,则开沟宽度为60~80厘米。定植时挖小穴栽植苗木,用营养袋苗定植的大棚,在定植时把营养袋割开,带土坨栽植,成活率近100%。

(2)永久式:栽植一次,连年结果。通常也采用篱壁式整形。栽植密度每亩333~556株,株行距为(0.8~1)米×(1.5~2)米。

2. 定植后的管理

(1)及时选留主蔓:一年一栽式大棚栽培葡萄,由于其栽植密度大,与传统的整枝方式有很大区别,一般采用独龙干整枝法。即定植后的苗木,只留1个主蔓。定蔓的原则是留下不留上,留强不留弱,多余副梢全部疏除。永久式一般每株选留2~3个主蔓,选留原则与一年一栽式相同。

(2)分段摘心:所留主蔓新梢长到80厘米时进行第1次摘心,摘心后留顶端副梢继续延长生长,其余副梢留1片叶摘心,充分促进主蔓发育。当顶端保留的延长梢长到40厘米左右时,进行第2次摘心,副梢的处理同上。依此类推,进行第3次、第4次摘心。8月以后,如果生长势仍较强,顶端可保留2~3个副梢延长生长,下部萌发的副梢可适当放长,留4~6片叶摘心。

(3)及时立柱绑蔓摘除卷须:主蔓长到30厘米左右时即可绑缚。以后每长30~40厘米绑缚1次。在绑缚的同时摘除卷须。

(4)强化肥水管理和病虫防治:苗木成活后,即可追施速效氮肥,后期(8~9月)宜多施磷钾肥,同时进行叶面喷肥。9月初开始挖沟施入腐熟有机肥。生长季节,天旱及时浇水。雨季注意排水,防止过涝。霜霉病和黑痘病,可交替使用波尔多液、乙磷铝防治。注意观察叶螨的发生情况,及早防治。

第五章 建园后的管理

土壤是葡萄根系生存的空间,又是营养的来源。只有土层深厚,质地疏松,通气良好,肥水相当,才能为根系生长创造良好的条件。因此,运用科学的方法,对土壤、肥力、水分进行综合管理,才是葡萄丰产优质的根本。

第一节 露地葡萄园的管理

一、露地葡萄树体及果实管理

(一)树液开始流动至发芽期

树液流动期和发芽期是葡萄生长发育的最初期,其早晚及持续时间受品种、气候条件以及树体内的营养条件所左右。在同一果园内存在个体间的差异,有时在同一植株的不同结果母枝之间也有差异。一般当地温上升到 5～14℃时树液开始流动(3 月中旬至 3 月下旬)。美洲葡萄树液流动所要求的温度比欧洲葡萄低,尤其是在空气中的相对湿度大的年份,即使低温和气温较低,美洲葡萄也开始流动。流动开始后若持续高温,则流动时间短,反之若持续低温则发芽延迟,树液流动期延长。

树液开始流动后,水分充满植株体内以后开始发芽。发芽受地温和气温双重影响,当地温在 12℃ 以上,平均气温 10℃ 以上则开始发芽。这一时期一般在 4 月上、中旬。发芽时首先鳞片剥落,露出绒毛,然后芽体膨大变圆,通过被覆的绒毛可以看到发芽顶端(第一叶)。外观达到这一状态的芽占总量的 20%～30% 时,即为发芽期。

1. 去绑绳或换铁丝

在出土上架之前,对葡萄架进行整理,彻底清除前一年的绑缚材料,铁丝松的拉紧、缺损的补换,为上架作准备。对于棚架葡萄,应沿棚架的每一道铁丝拉上草绳,起固定枝蔓的作用。

2. 扒翘皮、刮癌瘤、病斑等

多年生的葡萄枝蔓上,每年都会形成一层死皮,在枝蔓表面翘起,是病菌和虫卵的冬季藏身之地,在上架前应扒或刮掉翘皮,并集中。老蔓上有癌瘤的应刮除,刮下的病体收集好,并把冬季修剪遗留的残枝败叶、杂草、绑缚物等彻底清除后带出烧毁。

3. 打埂作畦

挖排水沟、修整灌溉渠等为开春生产做准备工作。

4. 枝蔓上架和复剪

上架时要将枝蔓均匀缚到葡萄架上,注意不要交叉。目前生产上多用塑料绳捆扎,应先用绳将枝蔓拢住,留一活扣,然后用"马蹄扣"的方法,将绳子牢固地绑缚到铁丝上。在枝蔓上架引缚过程中,需对枝蔓进行补充修剪。主蔓在架面上过密,可按蔓距的要求将其中较差的多余主蔓疏除;主蔓或结果母枝成熟不好,有风干抽条部分,应缩剪到成熟好和饱满芽眼节位;结果母枝过长或过密,应缩剪或疏除。机械损伤严重,病虫害明显影响其生长的枝蔓,要缩剪到伤口或病部以下。复剪剪口应向下,使伤流滴至架下,防止伤流液流经处感染病害。伤口可用 100 倍液的硫酸铜或 5 波美度石硫合剂或 50％福美砷液等涂抹消毒,消毒后用 1：2：50 倍波尔多液药浆进行保护。

5. 灌水

当地温在 12℃以上,平均气温在 10℃以上则开始发芽,一般结合当地气候期,在发芽前半月灌透水一次,能促进提早发芽和发芽整齐。此外,秋季未施基肥的在出土前后应补施。

(二)新梢生长期至开花期

葡萄芽眼萌发后,随着气温升高,新梢生长逐步加快;花序继续分化,形成花蕾,新梢叶腋中陆续形成腋芽,发出副梢。新梢、幼叶和花序的生长,在初期主要是依靠植株体内的贮藏养分,当新叶长至正常叶面积 1/3 时,其自身制造的养分即能供给自身需要,当叶片展开 10 片左右时,植株的生长就依靠当年新生叶片制造的养分。

1. 抹芽

抹芽即对葡萄的枝蔓及果穗的优劣进行选择,留下位置好的芽,对多余的或劣质芽进行抹除,目的是调节树体营养供应,在冬季修剪的基础上,对留枝量做最后调整,是新梢管理的第一步。抹芽在一定程度上决定果实的产量和品质。

(1)抹芽的方法和时期:第一次在芽萌动后 10 天左右进行,主要将主蔓基部 40～50 厘米以下无用的芽全部抹去;结果母枝上发育不良的基节芽、劣质芽和弱芽也要抹去;对于并生芽、多生芽则选择大而扁的主芽,其他的芽要及时抹除。第二次抹芽是在第一次抹芽后 10 天左右,新梢长至 10～15 厘米,花序露出后,根据生长势,选留粗壮、有花序的新梢,抹去弱枝,徒长和过密的发育枝,使新梢长势均衡。

(2)抹芽的原则:"树势强者轻抹,树势弱者重抹",即根据树势调节新梢数。树势弱者,新梢大多生长不良,采用重抹芽可以确保养分供应,使新梢有一定的生长势;而树势强者,新梢生长旺盛,轻抹能分散养分供应,避免徒长。一般生长过旺新梢占总新梢数的30%～40%的植株,可以只抹去结果母枝基部 2～3 个弱枝即可。

2. 定枝

当选留的芽长至 4～5 片叶子时,按新梢和花序量的多少进行定枝,即将过密的枝条疏掉,选留粗壮、有花序、距离 20 厘米左右的新梢留下,称为定枝。实际上定枝是抹芽的继续或者称为第三次抹芽,与抹芽一样,定枝也应根据品种、树势等决定。去掉过强、过弱枝;强结果枝可多留,弱结果枝少留;有伸长空间的多留,无伸长空间的少留。一般中长母枝上留 2～3 个新梢,中短母枝上留1～2 个新梢,考虑到负载量和架面通风透光以及品种生长习性,一般篱架每平方米保留新梢 15～20 个,棚架每平方米保留新梢10～15 个,欧洲种适当多留,欧美杂交种少留。对巨峰等生长势极强的品种,抹芽宜晚,抹芽数要少,以便分散营养,坐果后若影响通风透光,可除去一些过密枝。抹芽同时要结合当地气候条件,如果新梢生长期大风天较多应适当多留梢,以防风害对产量的影响。

3. 新梢引缚

一般新梢在 30 厘米左右时,应及时进行引缚,避免大风折断,引缚的同时要除去卷须,以节省养分和防止枝蔓相互缠绕。新梢引缚可分为垂直引缚、倾斜引缚和水平引缚三种。垂直引缚一般应用于弱枝引缚,利用顶端优势,促进生长;倾斜引缚,枝条发育中庸,节间稍短,有利于开花结果,花芽分化,一般应用于篱架中庸枝条;对于棚架、立架面交接处,生长势极强的枝条多采用水平引缚或略向下倾斜引缚以缓和生长势,促使新梢发育均衡。

4. 摘心和副梢整理

开花前对结果枝进行摘心,可以减少新梢伸长的养分消耗,使新梢内的养分浓度提高,并集中供应开花坐果,从而提高坐果率。其目的就是抑制新梢生长和花序发育的养分竞争。副梢处理(又称打尖、掐尖)也有同样的作用,同时可以保持架面的通风透光性,是不可缺少的新梢处理措施之一。

常规需要摘心和打尖的对象有中庸树、较强树、新梢伸长旺盛树及有徒长倾向的树。对弱势树,在开花前生长迟缓,没有副梢的发生,主梢节间未完全生长开,没有必要进行摘心和副梢整理,更重要的是采取措施加强树势。

(1)花前摘心

①摘心时期:开花前 7 天左右至初花期进行。

②摘心方法:摘心的轻重与品种、枝条长势以及摘心的时期有关。一般生长强旺的枝条可重摘心,反之生长较弱的枝条应轻摘心;摘心时期早时应轻些,而临近开花时摘心程度应重些。一般生产上对结果枝 5～8 片叶摘心,也可以根据叶片大小来进行,即掐去叶片面积不足正常叶面积 1/3 大小的梢尖部分,这样不用数叶片,可以加快摘心速度。轻摘心时仅仅掐去梢尖及其下的几片嫩叶,重摘心时在花序以上可以只留 3 片叶。对营养枝留 10～12 片叶摘心,延长枝可留得更长些。

摘心越强,坐果越好,但强摘心会引起叶面积不足,并且会反而刺激新梢急速生长,对植株生长发育不利。因此,对生长势强的品种或新梢,只将新梢先端未展叶部分的柔软梢尖掐去即可。对巨峰等品种,重摘心会引起无核小果比率增多。严重时可考虑应用一些生长调节剂如矮壮素等,或干脆进行无核果生产;对营养枝(没有花序的当年新梢)如果有足够的延长空间,也可以暂不摘心,等到生长高峰过去以后生长变得缓慢时,或生长过长或架面已无法容纳时,再摘心。

对于坐果率较高、果穗很紧的品种,花前摘心意义并不大,相反应该进行疏花疏果,以稀疏果穗。

(2)副梢整理:副梢是指叶腋中的夏芽萌发的新枝,着生于新梢各节。副梢不断增多和延长,使架面郁蔽,扰乱树形,并且增加养分消耗,因此,应及时处理副梢,减少养分消耗,并改善树体通风透光。一般对结果枝花序以下的副梢全部抹去,花序以上的副梢及营养枝副梢可留 1~2 片叶摘心,延长副梢(新梢顶端 1~2 节的副梢)可留 3~4 片叶摘心,以后反复按此法进行。对采用短梢修剪的植株,为了促进枝条基部冬芽的发育,也可以保留基部几节的副梢,留一片叶摘心,而将其余的副梢除去;对一些节间长或叶片较小或日灼病较重的品种,也可以多留几片副梢叶,尤其是在果穗附近,副梢叶可以为果实遮荫,可防止日灼病。

一些面积较大的葡萄园,为了省工,在副梢处理时仅保留顶端副梢,其余副梢全部去掉,这样就不需要反复处理副梢,而且架面通风透光也好,但要注意叶果比关系,尽量多留主梢叶和延长副梢叶。如果摘心较重,容易引发基部的冬芽,抽生冬芽枝,此时应保留一个冬芽梢,留 4~6 片叶反复摘心,以增大叶面积。

注意对强势新梢的副梢处理同样不宜过重,尽量及时轻摘心,已展开多片叶时,也只掐梢尖,为了不造成郁蔽,必须经常性的及时处理副梢。

5. 疏花序和花序整形

要生产高品质的葡萄果实,必须在栽培上采取多种优质果生产措施。疏花序和花序整形可以合理控制负载量,使果穗大小趋向一致,着色整齐,提高果穗商品品质。

(1)疏花序:指去掉整个花序。在花序过多,又容易落花落果的品种在花前疏除掉部分花序,发育差的小弱花序及分布过密或位置不当的花序都可去掉。对大穗品种原则上中庸枝留一穗,强枝留1~2穗,弱枝不留,保持叶果比为(30~40):1,小穗品种可适当多留。

(2)花序整形:花序整形是适量结果和调节结果量的基础,是提高坐果率及浆果品质,生产优质果品的第一步,花前的花序整形因品种不同而不同,同时还应考虑树势、树龄、土壤、施肥和气候条件,一般在开花前5天完成。

整形方法包括去副穗、掐穗尖、确定留穗长度或留蕾数等,对果穗较大、副穗明显的品种(如红地球、巨峰等)应将副穗及早剪去,并掐去全穗长的1/4或1/5的穗尖,红地球等大穗品种还应使花序长度保持在15厘米左右。对于果穗较小,坐果率高,且本身穗形较好的品种,如玫瑰露,对其适当处理只去除副穗即可。对于巨峰等坐果率低的品种,先除去副穗和上部3节左右的小梗,再对留下的支梗中的大枝梗采用掐尖等方法处理,可以提高坐果率。

6. 肥水补充

当树体贮藏营养不足,树势过弱时,应在这一时期补充肥水。一般可追施1~2次氮肥。但对树势旺的植株,不能再追加氮肥。施肥后灌水,注意中耕除草。缺锌或缺硼严重的果园,在花前2~3周,应每隔1周叶面追施锌肥或硼肥,以利正常开花受精和幼果发育。

(三)果实生长期

从开花后小果粒开始膨大起,到果实开始成熟止,称为浆果生长膨大期。这一时期浆果迅速膨大,种子形成,新梢生长加粗。在新梢的叶腋中形成冬芽,叶片迅速长大,芽眼内进行花芽分化。到此期末,枝条基部开始积累淀粉,并变褐老熟。在管理上应注意防治病虫害,加强肥水供应,继续架面新梢和幼果的管理。此时期的田间管理水平对浆果的生长发育、产量和品质的形成都是至关重要的。

1. 继续新梢引缚和副梢处理

果实生长期由于营养向果实的转移较快,副梢及新梢生长进入一个相对生长缓慢期,这一时期主要改善树体通风和透光条件,注意及时绑缚,避免枝蔓重叠交叉,对于日灼病严重的品种,应在果穗附近多留叶片;对于到转色期仍不停止生长的新梢进行轻摘心,避免强摘心,以防止引起抽生新梢;对于30厘米以下的弱梢,可不引缚,使其游离于架面以外,既可增加叶面积,又可使架面通透。

2. 疏果

疏果是调节结果的又一环节。其目的是在花序整形的基础上,进一步限制果粒的数量和果穗的大小,整理穗形,使果粒外形整齐,并促进果粒膨大,提高果实品质,同时可防止果穗过密引起的裂果。结果过多的直接恶果是果实膨大不足、品质降低、势衰弱等。

疏果的时期越早越好,但对于一些易形成无核小果的品种应在能分辨小果无核果时进行。过迟则起不到促进果粒膨大的作用,同时果粒已密挤,疏果作业会引起外伤。一般在盛花后15～25天,最迟不能迟于30～35天。

疏果的方法是根据品种特性,依品种成熟时的标准穗重、穗形等为目标进行。如巨峰、先锋等,目标果穗重应为350～400克,果粒着生稍紧凑,近圆桶形的圆锥形,疏果时开始要去除小粒果和伤害果以及穗轴上向内侧生长的果粒,然后从外观上疏去外部离轴过远及基部下垂的果粒。一般每一小支梗平均留 2 粒果,上部每 2 节留 3 粒果;每穗 30～40 粒即可。对于果粒着生非常紧密的品种,更应重视疏果工作,在花序整形的基础上,应除去发育不良的小果、畸形果和过密部分的果粒,如红地球一般留 50～80 个果粒即可,最多留 100 个果粒,其余全部疏掉。

3. 果实套袋

果实套袋是生产无公害葡萄的重要一环,它可以减轻因雨滴雨水等引起的果实病害传播;可避免农药对果面的污染;防止日灼、裂果、鸟害等;可使葡萄着色均匀,提高果实外观品质。

(1)套袋时期:果穗疏粒和大果宝或赤霉素处理后即套袋,其时幼果似黄豆大小。炭疽病是潜伏性病害,花后如遇雨,孢子就可侵染到幼果中潜伏,待到浆果开始成熟时才出现症状,造成浆果腐烂。为减轻幼果期病菌侵染,套袋宜早不宜迟。

(2)套袋材料和制作:国内有两种纸袋在生产上使用。

①旧报纸做袋:有三种规格。第一种是一张大报纸做 4 只袋,长 28 厘米、宽 19 厘米左右,用于轻整穗、疏果、重 500 克左右的果穗;第二种是一张大报纸做 3 只袋,长 28 厘米、宽 26 厘米左右,用于大穗型栽培,穗重 500～700 克的果穗;第三种是一张大报纸做 2 只袋,长 38 厘米、宽 28 厘米左右,用于穗重 700 克以上的特大果穗。

旧报纸做袋以缝纫机缝制为好,一边缝住,底口有三种做法:全缝住、缝一半、全空。以缝一半为好,一半留作孔缝,便于成熟期检查果穗成熟度;全封住在果穗成熟期要破袋检查;全空的金龟子等害虫还会侵入为害。不可用浆糊糊制,因遇雨袋易裂开,在梅雨期浆糊易产生霉菌。

②涂蜡白纸袋:规格为 26.5 厘米×18.5 厘米(相当于一张大

报纸做 4 只袋),既可防病,又可增光。在袋口一端埋有 6 厘米长的细铁丝,操作方便,袋底左右各有 3 厘米的孔隙,便于通气。

(3)套袋方法:扎袋口材料可用细铁丝捏紧,也可用钉书钉钉住。袋口应扎在新梢上或果柄上。要小心,防止折断果穗。袋口不能有孔隙,否则雨水流入袋内也会带菌侵染。

(4)除袋时期:除袋时间视成熟期天气而定,如即将成熟时天气无雨晴好,可提前 2～3 天除袋或撕破袋,以改善光照,促使着色和成熟;但一个果园不宜一次性除袋或破袋,因葡萄开始着色,除袋或破袋成熟很快,必须根据销售安排分批除袋或破袋,否则销售跟不上,过分成熟(紫黑色)会降低果品质量。如成熟期天气不正常,以不提前除袋或破袋为宜,直至成熟,连纸袋一起采下运到室内拆袋整穗,能减少损失。山区、半山区金龟子、吸果夜蛾及鸟害较严重的,不宜提前除袋或破袋。

(5)注意事项

①套袋前必须对果穗细致喷洒杀菌剂和杀虫剂,防止病虫在袋内为害。如果使用大果宝侵果,可将防病药按规定浓度掺入大果宝中,效果更好。待果穗干后即抓紧套袋。

②套袋期间勤检查,因风雨等原因袋破损或因果粒膨大而胀破袋,应及时补套新袋。

③提前除袋或破袋的,在除袋或破袋后即喷 10％施宝灵悬浮剂 1500 倍液等杀菌剂保护果穗,尤其在破袋后遇雨,对防止炭疽病突发而引起烂果,效果较好。

4. 加强肥水管理

葡萄果肉的细胞分裂一般在花后 2 周左右停止,其后细胞膨大使果粒增大。此外,坐果以后 2～3 周内,果粒膨大到最终大小的 70％左右。同时这一时期枝叶繁茂地上部蒸发量增大,此时也是植株根系吸水量最大的时期,若雨水少应补充灌水;果实生长、枝梢生长以及花芽分化都需要大量的养分,除采取措施保叶外,营养不足时,可以土壤迫施氮磷肥(复合肥)。着色期前后叶面喷施磷酸二氢钾,以促进果实和枝梢成熟。

5. 病虫害防治

在这一时期正是我国北方大部分地区高温多湿,病虫为害严重的时期。为了确保果实、枝叶等正常的生长,进入雨季前,霜霉病、炭疽病、白腐病、灰霉病等没有感染或发生果园,应及时喷布波尔多液、多菌灵、科博等药剂加强预防和保护。进入雨季后要随时监控病虫害发生情况,及时用药进行防治。如果没有病虫害每隔半月左右喷布一次波尔多液来预防,如出现病害则选择针对性药剂及早防治。同时要注意交替用药,避免产生抗性。

(四)果实采收至休眠前

1. 品种成熟期的判断

白色品种果粒变软,透明,具有弹性;红色品种达到固有色泽,直到出现品种固有香味。对白色品种,从外观上较难把握适熟期,一般可在田间口尝或用手持测糖仪测定可溶性固形物含量,16%以上即可采取。有些有色品种(彩图3)着色早,但着色到真正成熟所需时间较长,容易造成早采,也应注意达到固有的风味品质才能采收。巨峰等品种固有色泽应为紫黑色,含糖量达18%以上,方可采收;一些欧亚种品种,有特有的玫瑰香味,应待香味充分形成后再采收。

2. 果实采收后管理

果实采收后,叶片制造的养分主要开始向根系及枝梢内转移,是葡萄枝蔓及根部贮存养分的关键时期。因果实已经采收,也是管理上最容易出现松懈的时期,在这一时期如果管理跟不上,造成病虫害严重或架面郁蔽容易导致树体养分积累不足,花芽分化不良,降低枝蔓及根系的抗寒性,使翌年春季萌芽不整齐、树势衰弱等,在葡萄标准化生产中对后期的管理要引起足够的重视。

(1)做好病虫害及生理性病害如缺素症等引起的叶片早衰。老化及干枯等的治疗,维持叶片正常的活力,使其正常衰老或经霜打萎蔫。

(2)及时进行副梢处理,避免造成架面郁蔽,保留足够的、光合能力强的成熟叶片,使其制造的养分供给根及枝蔓的积累。

(3)加强秋施基肥的工作。当果实采收后,正是根系开始第二次旺盛生长的时期,在这时施肥有利于葡萄断根的再生及生长,同时可防止已经停止伸长的新梢叶片急剧老化,此外秋施基肥可以使肥料在来年早春之前到达根系,利于早春植株的生长发育及根系吸收。秋施基肥以腐熟的有机肥混以缓释性氮肥为主,时期以8月下旬至9月上旬为宜。因这一时期的根群活动旺盛,同时可利用降雨提高肥效。

(五)休眠期

从落叶到翌年树液开始流动期止,称作葡萄休眠期。根据葡萄本身的生理作用与外界条件的关系可分为自然休眠期和被迫休眠期。自然休眠期又称生理休眠期,这一阶段植株芽眼处于休眠中,即使外界条件适宜,也不能萌发。一般从9月枝条开始成熟时就开始逐渐进入休眠,10～11月份休眠最深,一直持续到翌年的1月下旬。自然休眠结束以后,由于外界环境条件的影响,植株仍不能发芽,继续处于休眠状态,称为被迫休眠。在被迫休眠期,只要条件适合(10℃以上),即可发芽。葡萄自然休眠期的长短因品种而不同,一般西欧品种群和黑海品种群的休眠期长,而东方品种群较短。

葡萄在休眠期的栽培管理主要有以下几方面:

1. 冬季修剪

见本章葡萄的冬季修剪部分。

2. 防寒

葡萄是耐寒力相对较强的果树,但气温和地温降至其耐受极限时,极易发生冻害,特别是葡萄的肉质根抗寒力较差,因此在我国北方冬季严寒地区,在一些常规措施难以抵御严寒的情况下,必须下架采用埋土防寒来使其度过严冬,避免冻害。埋土时期一般在霜降以后到立冬后(11月中旬)气温已降至0℃左右,土地稍有冰冻时进行。

(1)埋土方法

①地上埋土防寒:冬剪完后,将葡萄除绑,将主蔓依次顺向摆好,从行间取土覆于葡萄蔓上,在行内形成一条长土垄,一般厚20厘米左右。在华北大部分地区采用这种方式。

②地下埋土防寒:在葡萄架距根部1米左右处挖深40~60厘米、宽约60厘米的防寒沟,将葡萄蔓放入沟里,填土埋上,厚约20厘米。葡萄树基部不能进入沟内,也得填土埋上。

(2)注意事项

①葡萄枝蔓下架后,应向一个方向顺直,捆好。捆绑时弯曲度过大的应尽量顺直压缩到捆内。

②在植株根桩处要填枕(土或秫秸),防止埋土后压断主蔓。

③有机物覆盖的厚薄要均匀,枝蔓两侧要覆盖严密。

④挖土沟的内壁距防寒土外沿应在1米左右,以防侧冻过深,以增加根桩四周根系的越冬安全系数。

⑤埋土时土块一定要打碎封严,防止有缝隙透风冻坏枝蔓。也可以先覆2~3厘米厚的草秸等再覆土。防寒土堆要边培土边

拍实,防止堆内通风。一般覆土宽在 1.2 米左右,枝蔓上覆土 20 厘米,即可安全越冬。

⑥埋土防寒后,土壤冻结前要灌一次封冻水,可增加土壤水分,减少表土层的温度变幅,提高根系的抗寒性。

二、露地葡萄土、肥、水管理

(一)露地葡萄土壤管理

葡萄园的土壤管理,除建园时深翻改土外,在葡萄生长过程中,不断改变土壤的物理性状和化学性状,消灭杂草,改进微生物活动,从而给葡萄根系创造一个良好的营养环境,促进根系生长。有了良好的根系,才能使地上部发芽、抽枝、开花、结果等生理活动正常进行。因此,土壤管理是促进葡萄生长、提高葡萄产量的重要措施。

1. 继续改良土壤

除建园时进行的一些田间工程外,在葡萄的整个生长过程中,还需经常进行深翻、洗盐压碱、调节土壤酸碱度,修整和维护水土保护工程和灌排设施。

2. 清耕

我国多数葡萄园采用清耕法(园内不搞间作),北方少雨区,清耕有利于春季地温回升和保持水分、疏松土壤、熟化土壤。新疆、河北张家口产区,实行秋季清耕,有利晚熟葡萄利用地面散射光和辐射热,提高果实的糖度。

清耕除草的具体方法,北方果园从春季开始凡灌水后或雨后,结合除草耕松土壤,松土深为 10～15 厘米。北方地区果实成熟期,正是根系第二次生长高峰期,要进行一次深中耕,目的在于清除浅土层根系,使根系向深土层发展,以利葡萄抗寒和抗旱。

3. 覆草

地面覆草可以抑制土壤水分的大量蒸发而引起的早期落叶、缩果病、果实膨大和着色不良、裂果等;防止地面温度过高引起的根生长不良;并且可改善土壤的物理和化学性质。

(1)覆草方法:葡萄根系的80%以上分布于干周半径2米以内,因此,覆盖应在干周2米的范围内,篱架栽培时可在行内(约1米宽)。

(2)覆草栽培时应注意的事项

①园内生长的杂草和葡萄之间存在水分竞争,妨碍根系的伸展,这时应喷除草剂或割草、除草同时进行,同时在干周进行覆草。

②降水量多的年份或保水力高的土壤,覆草反而会引起水分过剩,降低品质。以在南方梅雨期后持续高温干旱期覆草效果最好。

③覆草后,应加强地上部的及时管理,否则,会因生长过旺而降低品质。

④覆草后,草秸中所含的钾溶出后可提高土壤中的钾含量,但钾过多时会影响镁的吸收。因此,此时应减少钾肥的供应。同时覆草栽培比清耕栽培树冠易扩大,应减少施肥量。

⑤覆草并不能改善深层土壤,因此应与深耕排水等措施并用。

⑥春季覆草会妨碍地温回升,推迟发芽1~2天,因此,在以提早成熟为目的的保护地栽培中应避免发芽前的覆草。此外,春季覆草会妨碍放热,降低夜间温度,应注意引起晚霜为害。

4. 间作

幼龄葡萄园,特别是棚架式栽培的葡萄园,行间距离较大,架面一时难以布满,为充分利用土地,增加葡萄园前期收入,在管好葡萄前提下,可进行间作。它既可改善土、肥、水条件和地面环境,又有利于葡萄的生长发育。5年生以后,架面大部布满,葡萄产量增多,间作物逐渐减少。另外草莓果是葡萄的理想间作物,特别是篱架、小棚架和连接式棚架整形栽培的葡萄园,行间、架下都可间栽草莓果,在河南、山东、安徽黄河故道以及河北、山西、辽宁等温暖地区,秋栽或春栽葡萄时,一般在9～10月份或3～4月份。同时,草莓结果早、产量高,间作后的第二年亩产400～500千克,效益快,是解决以短养长的好办法。草莓成熟期早,一般5月上旬开始采收,在葡萄开花前草莓果实基本采完,双方生育期所需大量肥水可以互相错开,争肥、争水的矛盾不大。葡萄采用短梢修剪时,修剪量较重,而萌发时间又比较晚,再加适宜的架形,不影响草莓的通风透光,特别是向阳的梯田坡地。加之草莓又有一定的耐荫性,因而栽植密度与在田草莓相差不大。有些草莓品种如世红、达娜、春香等的特性,就怕高温暴晒,在葡萄行间栽植,不但可以提高产量,也有助于草莓果品质的提高。间作物还有马铃薯、地瓜,以及矮生的萝卜、甘蓝或豆类,均能增加葡萄园的收入。高秆作物不宜间作。

5. 冬翻

葡萄园冬翻的时间南方要求在小雪到大雪节气之间,在这个时间范围内,宜早不宜晚,冬翻是注意保护根系,根系1米范围内宜浅,深度10～20厘米。冬翻可以使土壤得到休闲,得到改良,有利于冻死藏在土壤里越冬的害虫。

6. 清洁果园

清洁果园一是在生长季节中保持葡萄园四周及园内的道路、渠埂、树行间除间作的绿肥等间作物外,应随时清除杂草。二是树下无病叶、落果,秋季采收后,整枝修剪下来的病枝、枯枝、落叶、落果、废袋、绳索等废物,均应彻底干净地予以清除,因为几乎所有的病菌及害虫都依赖上述废弃物越冬。如果秋末冬初对果园彻底清理,将给翌年的病虫防治打下非常良好的基础。

(二)露地葡萄肥料管理

葡萄定植后,在一个地方生长几年或几十年,土壤中的营养物质有限,因此必须每年向土壤中增施有机质肥料和化肥补充营养,才能满足葡萄一生的生长与结果的需要。

1. 葡萄对各种元素的需求

(1)氮:葡萄对氮肥反应最敏感,氮肥可促进枝叶健壮生长,提高叶片的同化作用,形成大量的花芽。反之,氮肥不足,新梢、果穗表现发育不良,果实着色差,产量低。氮肥过多,会促进枝叶徒长,结实较少,果粒成熟迟,参差不齐,味酸少香味,还易招致各种病害;氮肥多,枝条成熟差,降低越冬能力,易遭冻害。因此要适时适量施氮肥,必要时可以叶面喷施 $0.1\%\sim0.3\%$ 的尿素。含氮肥较多的肥料有豆饼、人粪尿、麻仁饼等。

(2)磷:葡萄是一种含磷较多的果树,其植物各部分都含有磷,特别是幼嫩组织较多,在葡萄的嫩梢、芽根、花粉、种子中都含有大量的磷。因此,磷能促进花芽分化、开花、受精,促使须根的生长,新梢坚实,有利于结果,可提高浆果的糖分,增进品质,增加风味。缺磷时,则会引起落花、落果,花芽分化不良,影响产量和品质。含磷肥较多的有鸡粪、骨粉、谷糠等。

(3)钾:葡萄是喜钾的果树之一,它的果实和叶片以及正在生长的新梢中含钾量最多。葡萄缺钾时,影响果粒增大,叶片变褐色或黄色枯死,果实含糖量降低,产量与品质均有下降,枝蔓成熟不好,降低抗寒能力。缺钾时可叶面喷施 0.2% 硫酸钾或 1% 草木灰浸出液。含钾较高的有草木灰、炕土等。

（4）钙：钙肥主要留存在葡萄老熟的叶片中，故需钙量较多。钙能促进硝态氮在植物体内的转化，故缺钙葡萄园同时也缺氮。钙能促进叶绿素生长、根的生长和吸收作用。土壤中钙素多时，能增进葡萄品质、含糖量、风味和葡萄酒的质量，我国的名优葡萄和葡萄酒多出自含石灰质较多的土壤上。北方土壤多数不缺钙，而南方酸性土壤上应增施石灰补钙降酸。因为缺钙时，根茎生长弱，组织不充实；钙过多时也易发生黄叶病，生长不良。

（5）硼：能促进植物的代谢作用，加强淀粉的形成，促进花粉粒的萌发，提高受精率，还能促进根的形成、生长和愈合组织的生长。缺硼时，葡萄节间缩短，花序不能正常生长和结实，花序变小，落花落果严重。近年不少葡萄园发现果粒大小不齐，果实品质低劣，叶脉紧缩，叶呈匙形。防止方法，可在花前花后喷 $0.05\%\sim0.1\%$ 的硼酸溶液或 $0.2\%\sim0.5\%$ 的硼砂液。幼果期亦可喷施，对提高葡萄坐果率和减少小果率均有显著效果。

（6）锌：锌是某些酯的组成成分，参加呼吸作用以及蛋白质和核酸的代谢，并影响叶绿素、生长素的合成。缺锌时新梢节间变短、叶小丛生，质厚而脆，即为小叶病。严重时果穗松散，果粒小而有畸形。砂地含锌少，易流失，应注意补肥。

（7）其他元素：锰对叶绿素形成、糖分积累、运转及淀粉的水解等生理过程有促进作用。缺锰时，碳水化合物和蛋白质的合成削弱，叶绿素含量降低。缺铜，影响叶绿素形成，新梢生长弱，降低植株抗旱、抗寒能力。缺铁时叶绿素发育不正常，幼叶呈黄白色，只有叶脉绿色，表现出花叶现象。

2. 葡萄的需肥特性

葡萄从展叶至开花期前后对氮素的需求量最大；葡萄对磷的需求高于一般果树，在新梢旺盛生长和浆果膨大期吸收磷最多；对钾的需求量超过氮和磷,在整个生长季节中都吸收钾,但随着浆果的膨大,钾的吸收量明显地增加;花期前后对硼的需求最大;葡萄喷施钙肥对提高果实采后品质,延长贮藏期作用明显。

根据葡萄的需肥特点,施肥时应掌握几个原则:即以基肥为主,追肥为辅;根部施肥为主,根外施肥为辅。农家有机肥为主,化肥为辅;看树施肥,大树多施,小树少施;弱树多施,壮树少施;结果多的多施,结果少的少施。看肥料性质和质量施肥。氮、磷、钾三要素肥料多施,微量元素少施。

3. 用于葡萄的肥料品种

肥料种类分有机肥料(即农家肥料)和无机肥料(即化肥)。

(1)有机肥料:有机肥料是我国农民在葡萄园中常用的肥料,对提高葡萄产量和果实品质有很大的效益。

①人粪尿:含氮肥为主,磷和钾肥较少,施后很快被葡萄吸收,肥效快而显著,也称速效肥料。以人粪尿为主做基肥和追肥,特别在果实膨大期做追肥或以发酵后用1%～3%尿液连续喷3～5次,幼树迅速生长。因此,人粪尿是葡萄园中前期的主要肥料。

②厩肥:是各种牲畜的粪便,含有机质较多,氮、磷、钾要素较全,肥效时间长,有改良土壤作用,特别是在黏土和瘠薄的沙荒、荒滩、荒坡栽培葡萄时,应多施厩肥,以秋、春施入为好。

③草木灰:草木灰是农村中很好的钾肥来源,可作追肥和基肥,健壮葡萄枝叶。堆放时不要和尿水混合,防止中和失效。

④禽粪:包括鸡、鸭、鹅等的粪便,除含有氮素外,还含大量的磷和钾,对葡萄的生长与结果,以及提高果实品质方面均有很好的效果,可作为追肥或基肥。施入前与其他肥料混合腐熟后施入。

⑤绿肥:用各种杂草掺土和其他肥料发酵而成,含有大量的氮、磷和钾肥,可做基肥使用,是改良土壤的好肥料,特别是过于黏重的土壤,常施绿肥可以改良其物理性状,与人粪尿、土杂肥混合

施入更好,也是丘陵缺肥地区的好肥源。

⑥沼肥:是沼气发酵的副产品,由发酵液和残渣组成。发酵液中速效氮含量高,并以氨态氮为主,可作根施追肥和叶面喷肥使用;残渣中全氮、碱解氮和速效磷含量都高于发酵液,腐殖酸含量高,是优质有机肥料。

此外,还有老墙土、北方的炕土、堆沤肥、草皮土、葡萄渣等,均可作为葡萄肥料施入。

(2)无机肥料

①硫酸铵:可做前期追肥。

②尿素:溶解度高,易被吸收,但过量时发生烧根。

③硝酸铵:肥效快,在多雨和浇水的土壤中易流失,故宜多次少量施入。

④过磷酸钙:是我国普遍应用的磷肥,为速效性肥料,在酸性和碱性土壤中都易被固定。因此,过磷酸钙宜采用穴施、沟施、深施至根部附近。施用时最好与其他有机肥料混施,效果更好。根外喷肥时可用 $1\%\sim3\%$ 的浓度。

⑤碳酸氢铵:目前全国各地均能生产,速效,可做追肥。易挥发,故施用时宜深施,埋严,防止挥发失效。

⑥硫酸钾:速效,易溶于水,在钙质土壤中不易长期大量施用,以防造成土壤板结。在酸性土壤中易引起土壤酸度增加,在葡萄园中可作为基肥或追肥,根外喷肥时,可用 $0.3\%\sim0.5\%$ 的浓度。

⑦氯化钾:为生理酸性肥料,易溶于水,在盐渍地不宜施用,在酸性土上宜与石灰同时施用,防止提高土壤酸度。在葡萄园可做基肥或追肥,根外追肥时可用 $0.3\%\sim0.5\%$ 的浓度,超过 0.5% 时有肥害。

4. 施肥方法

土壤施肥必须根据根系分布的特点,将肥料施在根系集中分布层内,便于根系吸收,以发挥肥料的最大效用,根系具有趋肥性,其生长方向常以施肥部位为转移。北方大部分葡萄园植株根系在20～60厘米深处,南方地下水位高的葡萄园,根系多在10～30厘米深处。施肥时,应将肥料施在比根系集中层稍远稍深的地方,以利于根向纵深扩展,形成根系吸收网,提高根系吸收能力和树体的营养水平。

(1)基肥:基肥以农家有机肥(畜禽圈肥)为主,有时混合少量迟效的磷、钾化肥,施入葡萄树的根部(距根干20～30厘米)土壤中。基肥在果实采收后至土壤封冻前施入效果较好,适当早施有利有机质肥料的分解和根系伤口的愈合并能及早使根部恢复吸收养分的能力,提高树体的抗性,对第二年春季根系吸收养分、花芽继续分化和新梢生长,打下充足的营养物质基础。一般生产上每隔1～2年在定植沟一侧或两侧轮换扩沟深翻,施入基肥,沟深0.8～1米、宽30厘米左右,即一铁锹宽,每株施有机质肥量为30～50千克左右,然后灌水沉实封沟。有机肥含的营养物质全、肥效长,符合葡萄各个生育期的需要,尤其对我国西北、华北等地区的黏质土壤、砂荒地、盐碱地的改良效果非常明显。不但增加土壤有机质含量,而且还能调节土壤结构、酸碱度,促进团粒结构形成,对土壤中的肥、水、气、热协调有重要作用,促进根系生长活动。

(2)追肥

①根部追肥:追肥以速效肥为主,距根干30厘米左右,挖15～20厘米深坑或沟,将化肥施入后盖土灌水即可。生产上要按葡萄树的物候期进行追肥,即萌芽前追肥、花前追肥、幼果期追肥、浆果成熟期追肥。

Ⅰ.萌芽前追肥:这一时期以速效性氮肥为主。此时葡萄根系已经开始活动,追肥效果明显,可以提高萌芽率,增大花序,迅速扩大叶幕。如果植株生长势偏旺或基肥施入量大且加有复合肥等,萌芽前可以不追肥。追肥常用肥料尿素、碳酸氢铵、硫酸铁等。

Ⅱ.花前追肥:这一时期以速效性氮磷为主,也可少量追施钾肥,同时叶面喷施硼砂。这次追肥主要是利于葡萄开花、授粉、受精和坐果,同时有利于当年的花芽分化。但对于落花落果严重的品种,花前一般不追氮肥,只进行叶面喷肥,而应在开花坐果后尽早追施氮肥。

Ⅲ.幼果期追肥:以氮肥和磷肥为主,适当加入钾肥,可以有效促进浆果迅速膨大,同时有利于促进花芽分化。这一时期追肥要注意观察植株生长势,如果旺长,可以少施或不施氮肥。

Ⅳ.浆果成熟期追肥:以磷肥和钾肥为主。为果实成熟和枝条充分成熟提供足够的磷、钾,同时可以促进浆果着色完好,提高果实含糖量。

在同一物候期中要注意"三看"进行施肥,第一要看树,按树龄、树体长势、叶色、产量多少,施入不同种类和数量的化肥;第二要看地,按土壤性质、结构、肥力,决定追肥种类、数量和方法,如西北、华北的黄黏壤土,在每年每亩施 4000～5000 千克农家有机肥的基础上,每个物候期要追施速效性的肥料,如腐熟的人粪尿、尿素、磷酸二氢钾和钙、镁、锌肥等,其数量每株各施 0.5～1 千克,如砂壤土保肥、保水力差,应注意分多次施肥和浅施肥;第三要看产量,按每亩产量在 1500～2000 千克,平均每株承担的产量多少,灵活的增减施肥量。综合国内资料,每生产出 1000 千克浆果,需要吸收有效氮 5～8 千克、有效磷 2～4 千克、有效钾 5～8 千克,其氮、磷、钾的比例为 1∶0.4∶1,将上述肥料按物候期不同量分别施入即可。

②根外追肥:又称叶面追肥。在肥水容易流失的砂土地上,采用根外追肥效果较好。方法是将氮、磷、钾以及各种微量元素肥料,溶解于水或单喷或与农药混合,在叶背喷均匀即可。这种方法,是在葡萄生长时期,通过叶片吸收到植株体内,起到肥效作用。不同时期,喷洒不同肥料的浓度是:开花前喷 0.05%～0.1% 硼酸

溶液或 0.2％～0.5％硼砂溶液,可提高坐果率 10％～15％,尤其是对巨峰群品种效果更为显著。坐果后至浆果成熟前,喷 2～3 次 1％～3％的磷酸二氢钾或过磷酸钙溶液,有提高产量、增进品质的效果;在坐果期与幼果生长期间,喷 0.02％的硫酸钾(或氯化钾)或 10％左右的草木灰侵出液,能促进枝条老熟与果实品质。秋季果实着色初期喷 0.2％～0.3％的磷酸二氢钾加钙镁磷肥或喷 0.1％～0.3％的硫酸锌,可促进浆果着色、成熟和枝条木质化。

(三)露地葡萄水分管理

葡萄是耐旱性较强的果树之一,不同生育期对水需求有很大差别。但在我国大部分葡萄产区存在着年降水量少、分布不均等问题,因此要想葡萄丰产、稳产、品质好、商品性能高,必须加强土壤水分管理。

1. 灌水

(1)灌水时期

①催芽水:北方埋土区在葡萄出土上架后,结合催芽肥立即灌水。灌水量以湿润 50 厘米以上土层即可,过多将影响地温回升。长城以南轻度埋土区,埋土厚度一般在 20 厘米左右,若冬春降雪少,常会引起抽条。因此,在葡萄出土前、早春气温回升后,顺取土沟灌一次水,能明显防止抽条。南方非埋土区也根据降雨及土壤含水量较少的情况下灌好催芽水。

②花前水:北方春季干旱少雨,花前水应在花前 10 天左右,不应迟于始花期前一周。这次水要灌透,使土壤水分能保持到坐果稳定后。北方葡萄园如忽视花前灌水,一旦出现较长时间的高温干旱天气,将导致花期严重落果,尤其是中庸或树势较弱的植株,更需注意催芽水。开花期切忌灌水,以防加剧落花落果。

③催果水:随果实负载量的不断增加,新梢的营养生长明显减

少,应加强灌水,增强副梢叶量,防止新梢过早停长。但此时雨季即将来临,灌水次数视情况酌定。南方还须注意排水,在此期间,植株根系分布极浅,枝叶嫩弱,遇高温干旱极易引起落叶。试验证明,先期水分丰富,后期干燥落叶最重,同时影响养分吸收,尤其是磷、其次是钾、钙、镁的吸收。梅雨期土壤保持70%含水量,以后保持60%,果重及品质最好。

④催熟水:浆果上色至成熟期为提高浆果品质,增加果实的色、香、味、抑制营养生长,促进枝条成熟,此期应控制灌水,加强排水,若遇长期干旱,可少量灌水。

⑤采后水:葡萄浆果采收后,是树体积累贮藏营养时间,大部分营养回流到树干和根系,促进根系的第二次生长高峰,多余的营养就贮藏起来,对第二年的生长发育具有特殊意义,因此葡萄采收后应及时补充水分,使土壤保持在60%～70%的持水量。

⑥越冬水:防寒地区以葡萄枝蔓下架前一周、不防寒地区以土壤上冻前,为保证越冬期间土壤不过于干旱,需灌水一次,以渗透40厘米土层为指标。

(2)灌水方法

①沟灌法:在水源充足地区,在葡萄行间开沟,沟深20～30厘米,宽40～50厘米,水顺沟流到葡萄树下。

②穴灌法:在主干周围挖穴2～3个,将水灌入穴中,树大多挖穴,适于新定植幼树以及贫水地区。结合穴灌施入速效性化肥,然后覆土填穴保墒。

③渗灌法:为解决干旱地区葡萄灌水,在葡萄园附近打深水井或从水库抽水,每5～10亩建圆形水池1个,半径1.5米,高2米,容水量13吨左右。用直径2厘米的塑料管每隔40厘米左右在管壁两侧各打3个针头大的渗水孔。为防止渗水孔堵塞,要求每个水管上要安装过滤网。这样灌溉相对省水。

④滴灌法:利用灌溉系统设备,可以把灌溉水和水溶性化肥溶

液加压过滤,通过各级管道输送到葡萄园中,最后通过滴头以水滴形式缓慢地湿润根系土壤,供根系吸收,滴灌节水性好,但一次性投资较大。

2. 排水

在雨量大的地区,如夏秋季土壤水分过多,会引起枝蔓徒长,延迟果实的成熟期,降低果实品质。树盘内若积水,会造成根系缺氧,抑制呼吸作用,使根部窒息,植株死亡。因此,在建造葡萄园时,应安排好排水渠系。要求各级排水渠均有落差,使排水畅通。如经济条件允许,排水沟以暗埋管道为好。这样,可以方便田间作业,雨季又能顺利打开排水口,及时排水,防除涝害。

三、露地葡萄的整形、修剪

葡萄的修剪和其他果树一样,都是为了调节生长和结果关系,使树形完整,枝条分布均匀,从属关系明确,充分利用架面,便于各项作业管理,使幼树成形快,结果早,早丰产,枝条不乱,通风透光良好,减少病虫为害,增进果实品质,延长盛果期和结果年限,延长树寿,夺取连年高产。据各地葡萄早期丰产园的实践经验,多数为第三年开始结果,第四、第五年进入盛果期。这一时期的任务是,既要葡萄树结果,又要长树,还要完成架面的部署和树体成形,要使葡萄边结果边整形边长树,因此,必须正确运用修剪方法进行调节是达到葡萄早期丰产的重要手段。

(一)露地葡萄整形修剪的原则

1. 葡萄整形修剪的依据

(1)葡萄园的立地条件:立地条件不同,生长和结果的表现也不一样。在土质瘠薄的山地、丘陵或河、海沙滩地,因土层较薄,土质较差,肥力较低,葡萄枝蔓的年生长量普遍偏小,长势普遍偏弱,枝蔓数量也少。这些葡萄园,除应加强肥水综合管理外,修剪时应注意少疏多截,修剪量可适当偏重,产量也不宜过高;在土层较厚,土质肥沃,地势平坦,肥水充足的葡萄园,枝蔓的年生长量大,枝蔓多,长势旺,发育健壮,修剪时可适当多疏枝,少短截,修剪量宜适当轻些。

(2)栽植方式和密度:葡萄园的立地条件不同,架式和栽植密度不同,修剪方法也不一样。棚架葡萄,定干宜高;篱架葡萄,定干宜低;冬季严寒,需下架埋土防寒地区的葡萄,为埋土方便,可以不留主干;为获得葡萄早期丰产,初期栽植密度宜大,枝蔓留量宜多,郁闭时再进行移栽或间伐。

(3)管理技术水平:管理水平不高,肥水供应不足,树体长势不旺,枝蔓数量不多的葡萄园,整形修剪的增产作用是很难发挥的。这类葡萄园,如为追求高产,轻剪长放,多留枝蔓、果穗,就会进一步削弱树势,造成树体早衰、减少结果年限;如管理水平较高,树体长势健壮,枝蔓数量充足,则修剪的调节和增产作用,可以得到充分的发挥,而获得连年优质、丰产。

(4)品种特性:葡萄的种群和品种不同,结果年限的早晚以及对修剪的反应是不一样的。因此,修剪时,应根据不同种群、品种的生长结果习性,以及不同架式,采取不同的修剪方式,不能全篇一律,以便获得理想的修剪效果。

(5)树龄和树势:葡萄的树龄时期不同,枝蔓的长势强弱也不一样:幼龄至初果期,一般长势偏旺;进入盛果期后,长势逐渐由旺而转为中庸;进入衰老期后,则长势日渐变弱。修剪时应根据这一变化规律,对幼树和初果期树,适当轻剪,多留枝蔓,促进快长,及早结果;对盛果期树,修剪量宜适当加重,维持优质、稳产;对衰老树,宜适当重剪,更新复壮。

（6）修剪反应：葡萄的种群、品种和架式不同，对修剪的反应也不一样。判断修剪反应，可从局部和整体两个方面考虑。局部反应是根据疏、截或其他修剪方法，对局部枝蔓的抽生状况和花芽形成等进行判断；对整体的判断，则是根据树体的总生长量，新生枝蔓的年生长量，枝蔓充实程度，果穗的数量及质量，以及果粒的大小等。各种修剪方法，运用是否得当，修剪量的大小和轻重程度是否适宜，可以通过各种修剪方法的具体反应，加以判断和改进。

2. 葡萄整形修剪的原则

首先应该根据葡萄的种群和品种特性，采取相适应的修剪措施，以利早期结果和优质丰产。如所栽品种长势较旺，结果系数又较低的龙眼，应采取负载量较大的整形方式，否则会造成徒长，影响其生产潜力的发挥；对长势较弱的品种，则宜采用负载量较小的篱架整枝，使枝蔓及早布满架面，获得早期丰产。

所采用的整枝方式，应符合当地自然条件，在冬季天气严寒、气温较低，需要下架和埋土防寒的地区，可采用多主蔓无主干的整枝方式；在冬季气温较高，不需埋土防寒的地区，则需留有主干，使葡萄枝蔓离地面较高，利于通风透光，减少病虫的滋生和蔓延；在光照较强、气温又较高的地区，也可留有主干，以减少地面辐射对枝蔓、叶片和果穗的损伤；在地温较低的地方，为充分利用地面辐射热量，提高浆果品质，也可不留主干，使葡萄枝蔓离地面较近，以减少低温伤害。

不论采用何种整枝方式，都要与土、肥、水等栽培管理技术相适应，而且应密切配合。在土层较厚、肥水条件较好的地区，可采用负载量较大的整枝方式；反之，则需采用负载量较小的整枝方式。

对不同种群、品种和类型的葡萄整枝方式也应有所不同。酿酒品种要求浆果的含糖量较高，也需采用负载量较小的整枝方式。

（二）生产中常用的整形修剪

1. 篱架整形

篱架整形是目前我国葡萄生产中最为普遍采用的一种整形方式。这种架式的优点是管理方便，植株受光良好，容易成形，果实品质较好。利用篱架整形时，根据葡萄枝蔓的排布方式又分为扇形整形和水平整形两种。

（1）扇形整形：这种整形架面利用合理，更新、管理方便，产量高，但若修剪不当易造成郁闭，因此必须有较为熟练的技术。由于主干的有无和主蔓的多少而分为有主干扇形和无主干扇形，其整形过程基本相同。扇面整枝因主蔓的多少而分小扇形（2 个主蔓）（图 5-1）、中扇形（3～4 个主蔓）、大扇形（5～6 个主蔓）和多主蔓自由扇形（6 个主蔓以上）（图 5-2）。主蔓的多少，应根据品种、土肥水等条件及株行距等技术措施而定。

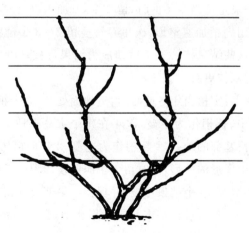

图 5-1　小扇形

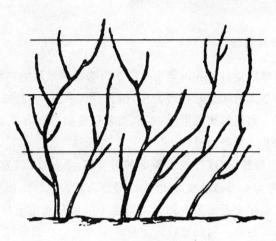

图 5-2　多主蔓自由扇形

①小扇形：适于生长势弱、植株较小的品种，以及土壤较瘠薄的条件。一般定植当年冬剪时，留 2 个 30 厘米以上的枝蔓作为主蔓，并可利用副梢加速整形，次年春每蔓留 2～3 个健壮的新梢作为结果枝，这些结果枝第三年后即成为结果母枝。以后每年对结果母枝进行双枝更新。

②中扇形：定植当年冬剪时，留近地面处 2～3 个粗壮、充实的新梢，剪成中、长梢作为主蔓，次年在每个主蔓上留 2～3 个结果枝，同时选留基部的 1～2 个新梢作为主蔓，2 年即可留出 3～4 个主蔓，完成中扇形的整形，同时留 1 个萌蘖枝作为更新用。以后每年在主蔓上留 2～3 个结果母枝，并保持结果部位的相对稳定。

③大扇形：整形过程基本与中扇形相似，只是多留主蔓，加大行株距和选择生长势强的品种。

④多主蔓扇形：整形苗木定植后，留 3～4 个饱满芽短剪，开春萌芽后从萌芽的新梢中选留 3～4 个壮梢，其余新梢全部除去。到

冬季修剪时再在每个新梢上选生长健壮的2～3个副梢进行短剪，而延长梢留长，其余辅养枝进行短剪，从而形成主蔓、侧蔓相结合的扇形树冠。第二年在主蔓上选留2～3个好枝做侧蔓，第三年在侧蔓上分别选留2～3个壮枝为结果母枝，以后每年对结果母枝进行更新修剪。一般主蔓间间距30厘米左右，主蔓上的侧蔓、侧蔓上的结果母枝均匀分布在架面上。在加强肥水管理、利用副梢成形的条件下，多主蔓扇形的整形1年即可完成，是一种简便易行的整形方式。

(2)水平整形：修剪技术简单易行，修剪量大，枝条的架面分布均匀，果穗多集中在一条水平线上。可分为单臂单层和单臂双层、双臂单层和双臂双层等形式。有主干的适于不埋土地区或越冬性强不需埋土的品种。无主干水平整枝则适于埋土防寒地区。

①双臂单层水平整形(图5-3)：这是一种修剪量较大的树形，适于生长较弱品种和土壤的条件。

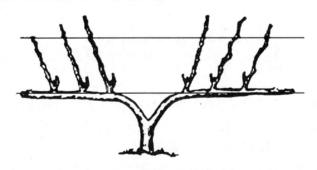

图5-3　双臂单层水平整形

一般当年培养1～2个粗壮的枝蔓，冬剪时留30～60厘米，第二年春选留上部生长强壮的、向两侧延伸的2个新梢作为臂枝，倾斜引缚，其余均除去。秋季修剪时每一臂枝进行长梢修剪。第三年春将臂枝水平引缚于第一道铁丝上，萌芽后按20厘米留一新梢，成为预备枝。冬剪时短剪成为明年的结果母枝，臂枝先端的新梢进行中、长梢剪,使其向前延伸,直到布满株间。以后每年对结果母枝行中、短梢修剪和适当更新修剪,使其结果部位固定。单臂单层整形与上法相同,只是每株仅留一臂枝,向一侧延伸。

②双臂双层水平整形(图 5-4):整形方法基本与双臂单层相同,只是在按 2～3 道铁丝上用同一方法再留一层臂枝,最好从基部培养,否则会相互影响,造成上强下弱或下强上弱的不良后果。单臂双层水平整形与其相近,仅是双层臂枝均向一侧延。

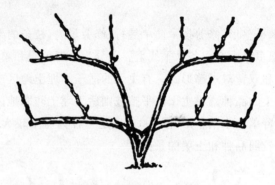

图 5-4　双臂双层水平整形

2. 棚架整形

棚架最适于欧亚种葡萄中东方品种群长梢结果的品种。在棚架栽培条件下,枝蔓水平生长,植株的旺长得到一定控制,结果面积增大,坐果率和果实品质也明显提高。

棚架是用支柱和铁丝搭成的,葡萄枝蔓在棚面上水平生长。一般架面长 6 米以上为大棚架,6 米以下为小棚架。棚架栽培产量高,树的寿命也长。棚架的缺点是在埋土防寒地区上架下架较为费工,管理不太方便。

(1)小棚架:小棚架整形时可用单干,也可用多干多主蔓,主蔓在架面上分生侧蔓,在整个架面上分布成扇形,整形完成后用中、短梢混合修剪。

近年来,独龙干(图 5-5)整形法在小棚架上也得到广泛的应用。独龙干整形 1 株只留 1 个主蔓,结果母枝呈龙爪状均匀分布于主蔓两侧,以短梢或极短梢修剪为主,操作简单,尤其在密植的条件下,独龙干整形更加显示出容易掌握和早期产量上升较快的特点。

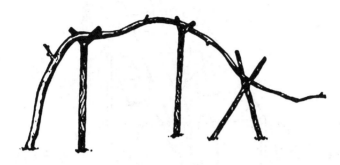

图 5-5 独龙干

独龙干整形的方法是在苗木定植后第一年冬季修剪时留 4～5 芽短截,第二年生长期重点培养一个健壮的新梢向前延伸,而其他枝条均留 2～4 片叶摘心促壮,第二年仍继续选留一个强壮新梢向前延伸,其余的也仍采用摘心的办法促其形成壮枝。当主蔓达 1.8～2 米时形成明显的粗壮龙干,以后各年除龙干延长枝长梢修剪外,在龙干的两侧每隔 20 厘米左右分布 1 个龙爪(结果母枝),实行短梢或极短梢修剪。华北、西北埋土防寒地区采用龙干整形时,为了便于下架埋土防寒,要注意使龙干由地面倾斜延伸,与地面夹角保持在 20°左右,这样可以防止枝蔓下架埋土防寒时折伤主干。

(2)大棚架:大棚架栽培时主要采用无主干多蔓形和有主干多蔓形及龙干架三种整形方式。

①无主干多蔓形:自地面直接发出 3～5 个主蔓,沿前架上伸,再由主蔓上分生侧蔓和结果母枝。

②有主干多蔓形(图 5-6)：培养一个粗大主干,接近架面时再分生侧蔓,侧蔓上再分生次级侧蔓和结果母枝,枝条在整个架面上呈扇形分布。此种方法整形需要时间较长,且不易落架防寒,主要用于不埋土防寒地区。

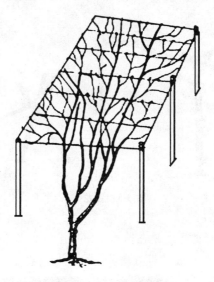

图 5-6　有主干多蔓形

由于棚架整形需要时间较长,而栽植后前几年产量提高较慢,为了迅速提高栽植效益,当前生产上多采用先篱后棚的改良整形方法。这种方法是结果的前一二年在棚架的垂直部分采用篱架整形促其尽早结果,而到第三年枝条延伸到水平架框时及时将延长枝长放上棚,架形改为棚架。这样既利用了篱架结果早、见效快的特点,同时又利用棚架的水平生长,缓和营养生长的特点,有效地缓和了枝梢生长,增加了结果面积。这种方法对鲜食葡萄品种最为适宜,而且以在拱形棚架上应用效果最好。

（三）季节修剪方法

修剪的目的是在整形的基础上调整生长和结果的关系，促进葡萄丰产、稳产。根据修剪时间的不同，葡萄修剪分为冬季修剪和夏季修剪。

1. 冬季修剪

葡萄冬季修剪的目的是调节树体生长和结果的关系，使架面枝蔓分布均匀，通风透光良好，同时防止结果部位外移，以达到树体更新复壮，连年丰产稳产的目的。

（1）修剪时间：在冬季不埋土防寒地区，多于 12 月至翌年 1 月中旬进行修剪。冬季修剪过早，枝条不能充分老熟；而修剪过晚，剪口不能及时愈合，容易引起伤流。在冬季埋土防寒地区，一般埋土前先进行一次预剪，这次修剪适当多留些枝蔓，待翌年早春葡萄出土上架时，再进行一次补充修剪。

（2）修剪长度：生产上根据剪留芽的多少，将修剪分为短梢修剪（留 2～3 个芽）、中梢修剪（留 4～6 个芽）和长梢修剪（留 8 个以上的芽）。一般生长势旺、结果枝率较低、花芽着生部位较高的品种，如龙眼、马奶子等对其结果母枝的修剪多采用长、中梢修剪；而生长势中等、结果枝率较高、花芽着生部位较低的玫瑰香等品种，修剪多采用中、短梢混合修剪。具体到一株树上来说，用做扩大树冠的延长枝多采用长梢修剪。如果为了充实架面、扩大结果部位，可采用中、短梢混合修剪。为了稳定结果部位，防止结果部位的迅速上升和外移，则采用短梢修剪。近年来为了促进葡萄早成形、早结果，采用第一、二年实行轻剪长留，而到后期则采用及时回缩，长、中、短梢混合修剪的方法。

另外，对于生长发育粗壮的枝蔓，应适当长放；而对生长弱的品种和枝蔓则应短截，以促生强壮枝梢。

（3）剪留量（负载量）：冬季修剪时保留结果母枝的数量多少，对来年葡萄产量、品质和植株的生长发育均有直接的影响。结果母枝留量过少，萌发抽生的结果树数量不够，影响当年产量；结果母枝留量过多，由于萌发出枝量过多，会造成架面郁闭，通风透光不良，甚至导致落花落果和病虫害发生，使产量与品质严重下降。因此，冬季修剪必须根据植株实际生长情况，确定合适的负载量，剪留适当数量的结果母枝。适宜负载量的确定通常采用下列公式计算：

单位面积计划剪留母枝数（个）＝计划单位面积产量（千克）/（每个母枝平均果枝数×每果枝果穗数×果穗重（千克））

每株剪留母枝数（个）＝单位面积计划剪留母枝数/单位面积株数

由于田间操作中可能会损伤部分芽眼，因此单位面积实际剪留的母枝数可以比计算出的留枝数多 $10\%\sim15\%$。近来有些地区采用测定主干截面积的方法来估算单株产量，从而推算相应的留芽量。具体做法是在修剪前先量出主干距地面 10 厘米处直径，按面积的计算公式求出主干的截面积，然后按 1 平方厘米的主干截面积可承担 $1.5\sim2.0$ 千克的产量，计算出该植株可承担的总产量数，然后再根据每果枝的结果量及应配置的营养枝数，即可求出全株修剪时的留芽数量。这个方法更为简便，适于农村葡萄修剪时快速计算单株留芽量。

值得强调的是，在管理良好的条件下，葡萄幼树花芽容易分化，产量容易急剧上升，因此合理控制负载对保证幼树健壮生长和稳产优质有十分重要作用。负载量的控制从修剪时就应考虑，而不要仅仅依靠疏枝和疏花序，这样才可有效地调整树体营养分配，节约植株贮藏的营养，促进正常生长结果。

（4）葡萄冬季修剪时应注意的事项：葡萄枝蔓的髓部大，木质部组织疏松，修剪后水分易从剪口流失，常常引起剪口下部芽眼干枯或受冻。为了防止这种现象发生,短截一年生枝时,最好在芽眼上方2～3厘米处剪截;疏剪或缩剪时,也应尽量避免造成过多的伤口;去除大枝时,更要注意不要过多造成机械伤口,尤其不要在枝干的同侧造成连续的多个伤口。

2. 夏季修剪

生长季中通过抹芽、疏枝、摘心、处理副梢等措施,可控制新梢生长,改善通风透光条件,使营养输送集中在结果枝上,从而提高产量和品质,并促进枝条生长和花芽分化,为翌年丰产打下基础。

(1)抹芽和定梢:抹芽是在冬季修剪留芽的基础上,进一步调整树体负载量,以保证当年的产量、质量。

抹芽的时间,一般在冬芽萌发后即可进行,直至花序露出。先抹去瘦弱、尖细的弯头芽,以及从主干和根蘖上发出的隐芽、双生芽或三生芽,只选留1个壮芽,其余的都抹去。当新梢长达10～15厘米时,即可定梢。因芽眼萌发的时间先后不一,因此,从抹芽到定梢需抹芽3次。

定梢的数量和程度,应根据品种、树龄、树势、栽培管理条件以及冬季修剪时的留芽数量确定。如果冬季进行长梢修剪留芽较多,则多疏,如冬剪时留8～12芽,可留2～3年;冬剪时采用短梢修剪者,因其留芽量少,因此也要少留;强枝多留、弱枝少留;萌芽率高、结实力强的玫瑰香等品种,宜多疏少留,萌芽率低、成枝力弱的品种如龙眼、马奶子等,宜少疏多留。

(2)摘心和去副梢:摘心(图5-7)就是摘除新梢嫩尖的3～5厘米。摘心在开花前至新梢停止生长期间进行。在开花前新梢摘心,可抑制新梢的延长生长,使叶片制造的营养转向花序,使受精良好,提高坐果率;后期的新梢摘心,可以改善架面的光照条件,促进花芽分化,提高产量,使枝蔓组织充实,为明年增产打好基础。新梢摘心,还可促生分枝,提早幼树成形和早期丰产,使新梢长势

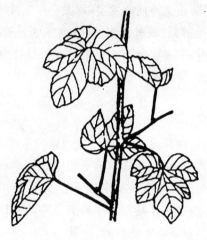

图 5-7　摘心

平衡,还可减少冬季修剪量。

花前摘心,以开花前 3～7 天或开花初期效果最为显著。摘心过早,新梢尚短,会使新梢的延长生长受到抑制,影响树势的健壮生长;摘心过晚,则花期已过,花序得不到充分的营养,效果不明显。

结果枝以在花序以上留 5～7 片叶摘心为宜;营养枝以留 10～15 片叶为宜;一般延长枝,可留 12～20 片叶摘心;对叶片较少、长势过弱的结果枝,可暂不摘心。

主梢摘心以后,叶腋中的夏芽便会萌发,抽生副梢过多时,不仅消耗营养,而且影响通风透光,因此要及早除去,如在果穗以下的叶腋间生出弱小副梢时,应从基部抹除。花序以上长势较强的副梢,可留 4～5 片叶摘心;较弱的副梢,可留 1～2 片叶摘心。如将副梢从基部抹除而不留叶片,则易促使冬芽萌发,影响下一年的产量。副梢摘心后,在整个生长期内,都会不断地反复抽生,二次、三次以至更多次,因此要及时反复摘除,直到不再抽生为止。

新梢摘心的效果,因品种、树龄、树势和栽培管理的技术水平
而不同:落花落果严重的品种,摘心效果显著;在同一品种中,强枝
摘心的效果,比弱枝显著。

不同整形、修剪和架式,对摘心的要求也不一样:篱架、篱棚、
小棚架等,架面面积较小,如摘心不及时,则枝蔓容易郁闭,因此应
及时、多次摘心。大棚架架面面积大,可适当减少摘心次数。

长梢修剪的植株,新梢摘心的时间往往较晚,可更好地利用枝
蔓的最好部位结果;短梢修剪的植株,则应注意及时摘心,以平衡
各新梢的长势,并使基部芽眼发育充实。

新梢摘心也不宜过重,否则,易刺激侧芽萌发,促进副梢生长,
增加摘心的工作量,同时也过多地消耗树体营养;新梢摘心过重,
叶面积减少,树体营养积累不足,影响后期果粒膨大;如多年连续
过重摘心,由于叶面积减少过多,树体营养积累不足,根系的生长
会受到影响,因而也会缩短树体寿命。

(3)副梢的利用:在人工栽培条件下,玫瑰香等一些品种的二
次果,可以正常成熟。因此,在负载量不足或是遭受冰雹、霜冻等
损害时,可利用副梢结果,使当年仍然维持一定产量。

为利用夏季结果,可在主梢花序以上 6～8 节处摘心,最好是
在未萌发副梢的 2～3 个夏芽处摘心。主梢摘心后,抹除其他已萌
发的副梢,以诱发未萌动的夏芽抽生二次果。夏芽的结果能力与
新梢的长势、摘心的时间密切相关,一般是长势强壮的新梢结实力
强,长势弱的新梢和长势过旺的徒长梢结实力弱。试验结果表明,
弱梢以在开花前 15 天,留 2 片叶摘心为好;中强梢以在花前 18
天,留 4 片叶摘心为好;过旺的徒长梢以在花前 6～10 天,留 6～
8 片叶摘心为宜。

为利用冬芽多次结果,可在开花后对主梢进行摘心,以后陆续
摘除副梢,只暂留顶端 1～2 个副梢,于落花后 10 天剪除,即可诱
发冬芽结果。

诱发冬芽结果,与主梢的摘心部位、时间和树体长势均有密切关系:花序以上留 10 叶摘心,比留 4 叶摘心的花序增加 1 倍;主梢的摘心部位,以在主梢花序以上 6～8 节或 8～10 节为宜;主梢摘心的时间,宜在开花前后,而剪除暂时保留在主梢顶端的副梢的时间,越晚越好。如玫瑰香,以始花后 12～22 天为宜,如剪除过早,冬芽萌发虽多,但二次梢的结果能力很低。冬芽二次梢的结果能力与主梢的长势密切相关。主梢的长势越强壮,冬芽二次梢的结果能力也越强。因此,利用冬芽结果时,需选强壮新梢,利用弱梢的效果不理想。

(4)疏花序和掐花序尖:此项工作与冬季修剪和春季抹芽配合进行,可以收到平衡树体营养的良好效果。在目前生产中,单纯地为了追逐年量,负载量往往过大,在这种情况下,落花落粒的情况也往往很严重,造成果穗松散,果粒大小不匀,成熟时穗尖出现水红粒,质量低劣,影响商品价值,降低经济效益,而疏花序和掐花序尖,则可集中营养,提高坐果率,使后期果粒增大,果穗紧密,既可维持树体的正常发育,又可保证稳定的产量。

疏花序和掐花序尖的工作,宜在开花前进行。疏花序的标准,一般是强枝留 2 个花序,弱枝留 1 个花序。掐花序尖,就是掐去花序末端的 1/5～1/4,并掐去副穗(图 5-8)。

疏花序和掐花序尖的轻重程度,根据品种、负载量大小及树体营养状况确定:树体长势强,结果系数低,落花落果轻,成熟后果穗较紧密的品种,如龙眼、马奶子等,可以少疏或不疏花序,也不掐花序尖;结果系数高,落花落果轻,成熟后果穗紧密的品种,如黑罕等,可只疏花序,不掐花序尖;树体长势中庸或较弱,结果系数高,花序大,落花落果严重的品种,如玫瑰香等,既要疏花序,又要掐花序尖。同为玫瑰香品种,又因冬季修剪方式、负载量的大小而有不同:长梢修剪,负载量大时,疏花序和掐花序尖的程度,可适当重些;短梢修剪,负载量小的,可适当轻些。

图 5-8 掐穗尖和去副穗

总之,疏花序和掐花序尖的工作,应根据品种、树势、营养状况、管理水平等实际情况灵活运用,不能千篇一律。在树体营养亏损的情况下,单靠疏花序和掐花序尖,难以获得理想效果,必须加强土肥水综合管理,改善树体营养状况,才能获得良好效果。

(5)摘叶:在果穗成熟后期,适当摘除部分已失去功能的老叶,可以改善果穗周围的光照条件,有利于果穗着色,提高商品价值;但摘叶时间不能过早,也不能过多,摘叶过多、过早,因叶面积减少,削弱同化作用,不利于树体营养积累,还容易使果穗遭受日灼。

摘叶的多少,因各地自然条件、整形修剪方式等而有所不同:在地势低洼的滨海盐碱地,葡萄枝叶长势较旺,枝蔓也多,应注意摘叶;在旱薄地和山地、丘陵葡萄园,枝叶量少,树体长势也弱,可少摘叶或不摘叶;如果栽植密度较大,枝蔓留量较多和行长梢修剪者,新梢和枝叶密生时,就应适量摘叶。

(6)去卷须和引缚新梢:葡萄的卷须在自然情况下,有攀援其他物体,不使枝蔓匍匐生长于地面的作用。而在人工栽培条件下,易缠绕果穗和枝蔓,影响果穗和枝蔓的正常生长发育,修剪时也很不方便,因此,应及时除去。

为充分利用光照和空间以便于管理,当新梢长达30～40厘米时,要做好新梢的引缚工作,使新梢固定在架面上,以防风折。引缚新梢时,应使其均匀地分布在架面上,充分利用架面和空间,保持良好的通风透光条件,使果穗充分着色,提高经济效益。

引缚主蔓和新梢的形式,因整枝方式而不同,有垂直引缚、水平引缚和倾斜引缚等。葡萄主蔓的着生方式已基本固定,因此上架后根据架式引缚即可。但引缚时,应注意其在架面上的分布状况,不扰乱树形,以免影响以后的整枝和修剪。在一般情况下,篱架扇形整枝的主蔓,可垂直或倾斜引缚;单臂水平整枝者,可水平引缚。

新梢的引缚,可分为水平引缚、垂直引缚、倾斜引缚和弓形引缚等。水平引缚和弓形引缚,可抑制新梢旺长,使基部芽眼充实,多用于结果枝和发育枝;垂直引缚和倾斜引缚,多用于延长枝和长势较弱的枝条。

以上所介绍的整形修剪内容,都必须与种群和品种特性及栽培管理技术密切配合,才能收到良好效果,单纯强调某项技术,则难收到预期效果。

四、成龄低产树改造

葡萄栽植后随着产量的增加和树龄增大(10年生以后),树势开始衰弱,表现主蔓较粗、营养运输受阻、死蔓和"瞎眼"(早春不萌芽)较重。其中,篱架单株主蔓死亡率(单株死亡1个主蔓)占20%～30%、单株2主蔓或3主蔓的架面中间部位多为"瞎眼"、贴近地面往上(30～160厘米)的侧蔓上结果枝开花结果少,且果穗小、松散、仅架面最上端开花结果,俗称"帽头果",严重减产。棚架前端"立面"基本不开花结果、"立面"至棚面拐弯处"瞎眼"较多,只有棚面中前端开花结果,造成大幅度减产。

1. 冬剪加重回缩更新法

此种方法适宜低产树主蔓上的结果母枝"瞎眼"50％以下。即冬剪时重回缩(剪断)瞎眼部位。在回缩部位最上端选留 1 个成熟度好、粗壮、芽眼饱满的当年生枝、留 5～7 节短截(篱架和棚架留法相同)为架面延长枝(延长枝在早春萌芽抽梢后,叶腋中所萌发的副梢,留 4～5 片叶反复多次摘心,用于培养出新的结果母枝,第 2 年可开花结果)。延长枝往下的侧蔓,每个节上只保留 1 个结果母枝、间距 12～15 厘米,过密枝全部疏除,使结果母枝均匀分布在架面上。所保留的结果母枝留 2～3 节剪截。采用此种方法经1～2 年的技术改造,基本可恢复正常树的产量。

2. 单蔓更新法

此种方法适宜于篱架和棚架的株距 1 米(单株保留 2 条主蔓)和株距 1.5 米(单株保留 3 个主蔓)的老树,即每条主蔓"瞎眼"达 90％以上,这类树冬剪时在贴近地面留桩(7～10 厘米高),锯掉主蔓。利用地面"留桩"的基芽或隐芽萌发抽梢来重新培养新的主蔓。保留新梢同原有主蔓数量,多余的及早抹除。所保留的新梢要及时绑缚在铁丝上,当生长高度达第 3 道与第 4 道铁丝中间时,摘除顶尖,叶腋中萌发的副梢留 4～5 片叶反复多次摘心,用于培养第 2 年的结果母枝。冬剪时,每个结果母枝留 2～3 节进行短梢修剪。采用此种方法经 1～2 年的技术改造,也可恢复正常产量。

3. 单株更新法

多年生老树,在早春(4 月下旬或 5 月上旬)萌芽率低于 50%或萌芽率较高,但抽梢迟缓,叶色淡,类似"小老树",是由于根系老化,其根系生出新根少或不能生出新根,这样的葡萄老树需全园更新。更新方法是挖出老树,清除残根,挖大坑重新定植。栽苗前,每个树坑施入腐熟农家肥 10～15 千克,并与土拌匀。定植成活后,当年生幼树进行常规技术管理。

第二节　设施栽培葡萄园的管理

一、设施葡萄的栽培类型及生育期调节

设施葡萄的栽培类型主要根据升温催芽时期的早晚和一年内成熟采收的次数来划分。如 1 年内成熟采收 1 次的,叫单纯促成栽培;一年内采收 2 次的叫促成兼延迟栽培。

在单纯促成栽培中,又可分为早促成栽培、促成栽培和一般促成栽培。在中国北部地区生育期较短,多采用单纯促成栽培的形式,收获 1 次果;在辽宁以南较温暖地区,除采用单纯促成栽培外,还采用促成兼延迟栽培的形式,1 年采收 2 次果。

1. 单纯促成栽培

根据葡萄从升温到萌芽这段时间对活动积温的要求,可人为安排催芽开始期和葡萄的生育期,使浆果在人们要求的时期成熟。

(1)早促成栽培型:1 月中下旬开始加温或升温,2 月末或 3 月初萌芽,3 月末或 4 月初开花,早中熟品种在 6 月下旬成熟,比露

地提早 60 天左右。

(2)促成栽培型:2 月上中旬开始加温或升温,3 月上中旬萌芽,4 月中旬左右开花,早中熟品种在 7 月中下旬成熟,比露地提早 45 天左右,中晚熟品种在 8 月中旬以后成熟。

(3)一般促成栽培型:塑料大棚由于没有加温及保温设备,较温暖地区在 3 月中下旬开始升温(出土上架),4 月上旬萌芽,5 月上旬开花,早中熟品种在 8 月上中旬成熟,中晚熟品种在 8 月下旬以后成熟。

2. 促成兼延迟栽培

除采取上述早促成栽培措施外,关键是掌握好诱发二次果的时期和技术,使浆果在预定的时期成熟。生产上可使用副梢结二次果或强迫冬芽萌发形成二次果。

使用副梢结二次果的具体做法是在一次果的花前 15～20 天,花序上留 7～8 片叶轻摘心,把下部副梢全部抹去,只留顶端 1 个未发育的副梢,花前 7 天左右,可喷 1000 毫克/克多效唑,花后再喷一次,以控制副梢营养生长,促进花芽分化。如果萌发的副梢没有花序,应立即剪除,以迫使摘心冬芽萌发,形成二次果。

强迫冬芽萌发形成二次果的具体做法是在一次果开花后 50 天左右,在果穗以上 6～8 节进行摘心短截,并剪去所有各节上的副梢。约 10 天,冬芽即可萌发,结二次果。若同时萌发出几个冬芽二次枝,一般仅保留其中 1～2 个带花序的,其余全部抹除。

诱发冬芽二次枝时应注意以下几点:

①由于各结果枝的生长长度和健壮程度不完全一致,因此短截时间可分 2～3 次进行。

②为了避免超载影响 1 次果和枝蔓的成熟,诱发冬芽时以处理不超过 50％的结果枝为限,且应尽量选择统一穗果的枝和发育枝进行短截。

③短截时注意剪口下的芽要饱满、呈黄白色才能萌发出较大的花序,变褐的芽不易萌发。新鲜带红的芽虽易萌发,但不易出现果枝。据生产经验,诱发二次果枝的处理时间以花后 50 天为宜。

二次果的花序由于分化时间短,有时花序和果穗较小,商品价值低。因此,需要用激素进行处理。浙江省金华市农业科学研究所在京玉副梢二次果的栽培中,在二次果花前 10 天左右,用 10 毫克/千克赤霉素侵蘸花序,以拉长花序,花后 15 天,果粒黄豆大时,疏去小粒,每穗留果 50～80 粒,果穗侵蘸 10 毫克/千克吡效隆一次,促进果实膨大,使果穗重达 350 克以上,单粒重 7 克以上,从而使果品质量明显提高。

二、设施栽培葡萄树体及果实管理

设施栽植的葡萄,因温度高、湿度大、光照弱等不良因素,易导致新梢旺长,光合效能不强,树体营养积累少,成花不多,产量不高。因此,抹芽定梢、引缚、摘心及副梢处理等项管理工作,都要比大田葡萄更为细致和及时。这些管理工作的基本内容,虽然和大田栽培管理的方法基本一致,但也有其不同之处。

1. 上架

葡萄扣棚后即可出土,但不急于上架,焖棚 1 周后将主蔓水平向北引缚于第一道铁丝上。

2. 花序和果穗的整形

根据各品种花序果穗大小,确定亩留花序数和果穗数。强梢留 1～2 个花序,中庸枝留 1 花序,弱梢疏去花序。亩留花序数 3000～4000 个,留果穗数 2000～3000 个。

花前一周进行花序整形,除去副穗,花序大的可摘去 1/5～1/4

穗尖,和去除基部 1～4 个大支穗。

落花后 7～10 天进行果穗整形,果穗平均重 500 克以上的品种,原则上 1 个结果梢留 1 个果穗;果穗中小型的品种,强枝可留 2 穗,中枝留 1 穗,弱枝不留果。经疏穗每平方米架面留果 5～8 穗,每亩留果 2000～3000 穗。并进行疏粒,疏去过密粒、小粒,欧美杂种一般每穗保留果粒 40～60 粒,欧亚种保留果粒 60～90 粒。

3. 套袋

果穗套袋可有效防止果实病、虫害,及日灼和裂果等生理性病害,减少农药污染,增加果面光洁度,提高外观商品性。

疏果定梢后,果实在黄豆大小时进行果穗套袋,套袋前果实必须喷洒杀菌剂或保护剂,以防果实带菌入袋。设施栽培套袋材料宜用专用白纸袋。纸袋大小,视果穗大小而定,袋底要有漏水口。纸袋套在果穗梗上用 22 号细铅丝封扎袋口。

在采收前一周除袋或把纸袋沿两条缝线向上折开成伞状,这样有利果实上色。紫黑色的品种,可不撕袋,连袋采收装箱。

4. 设施栽培的病虫害防治

设施栽培条件下,因薄膜覆盖隔绝雨水,真菌病害流行途径受到抑制,病害发生的时期和种类与露地有较大差异,一般棚内黑痘病、霜霉病、炭疽病比露地轻,而灰霉病比露地重。棚内透翅蛾比露地轻,介壳虫、红蜘蛛和鸟害比露地重。因此病虫害防治也应强调综合防治,秋冬彻底清园,生长期果穗套袋,上色期覆盖防鸟网。药剂防治全年用药次数 6～7 次,比露地少。

5. 保护地葡萄二次梢结果

由于葡萄新梢的种类不同,萌发时间早晚不同,因此,利用不同新梢诱发二次果的技术也不一样。

(1)在一次果果枝上诱发二次果:这一办法是在一茬果开花后50天左右,剪去果枝前端的2个长副梢,14～15天以后,剪口下的冬芽,便可抽生二次枝结果。与此同时,也可能萌发几个冬芽二次枝。可根据负载量的大小和管理水平的高低,适当选留几个带有花序的新梢使其结果,而将多余新梢抹去。

(2)在营养枝上诱发二次果:这一办法,一般是提前摘心,培养长副梢。摘心后65～70天,对长副梢留3～4叶剪短,而将其余副梢剪除,迫使长副梢剪口下的冬芽抽生二次果枝;二次果枝抽生后,从中选留1～2个花序较大的二次果枝结果,而将其他二次枝及时抹除。

6. 保护地内葡萄的冬季防寒

在我国北部保护地内冬季气温,如降至-15℃以下的地区,在日光温室内葡萄休眠期也应进行防寒。其防寒方法很简单,在修剪后下架,顺行将葡萄枝蔓理顺捆好,其上用麻丝袋或旧薄膜盖上,再用行间土,将枝蔓埋上20厘米左右厚度即可安全越冬。这是因为保护地秋季已扣上棚膜和盖上草帘之故。休眠期结束后在每年12月至翌年1月上旬就可揭帘增温,再撤出防寒土进行上架。在精心管理条件下,乍娜、京秀、普列文玫瑰、凤凰51号、87-1、玫瑰早等品种可连年获得较好产量和效益。

三、设施栽培葡萄土、肥、水管理

(一)设施栽培葡萄的土壤管理

1. 土壤改良

按行距进行沟状整地培肥,沟深0.6～0.8米,宽0.6～0.8

米,长为棚宽或长,每亩沟施腐熟的有机肥 3000～5000 千克,并加入过磷酸钙 40～50 千克,同时在沟底施入作物秸秆 150 千克。

2. 间作

充分利用设施葡萄园空间,套种矮秆、生育期短的经济作物,是提高效益的一项重要措施。通常有葡萄-草莓间作、葡萄-天麻间作、葡萄-蔬菜间作、葡萄-木耳间作、葡萄-果菜苗间作等几种间作方式。

(二)设施栽培葡萄的肥、水管理

1. 肥料管理

设施葡萄由于栽植密度大,第二年就大量结果。因此,营养条件要求较高。施肥应以有机肥为主,一般每棚(70 米长的标准棚)施有机肥 5000～6000 千克,于每年采收后的秋冬时期施入,但应控制氮肥用量。在密闭的温室里,空气中二氧化碳的浓度明显低于自然环境,不能满足葡萄光合作用的需要。为改善温室葡萄的生长环境,在温室中葡萄新梢长 15 厘米时开始,每天日出后 1 小时到中午,利用二氧化碳发生器释放二氧化碳,420 平方米温室每日补充 500～1000 克二氧化碳,连续 30 天,可使葡萄叶色变深,厚度增加,增加果实产量,果实的可溶性固形物含量提高,成熟期一致。

(1)施基肥:基肥以沟施为主,每年施一次基肥,在植株的一侧距树干 40 厘米左右处,开宽 30 厘米、深 60 厘米施肥沟。主要以腐熟的优质有机肥为主,鸡粪是最佳肥料。生鸡粪易烧苗,要和羊粪、牛粪等拌匀并发酵。将有机肥、沙子、表土各 1/3 拌匀后施入沟内,加过磷酸钙、硫酸钾以及硫酸亚铁等一些微量元素混合回填,沟底铺垫 10 厘米作物秸秆,最后盖熟土、灌水沉实,翌年在另一边开沟施基肥。在 60%～70% 的叶片发黄,继而变成淡黄色时

开始施肥。在春季萌芽后开花前,每标准棚施入"农博士"控施肥
40千克,加入微肥1千克。

(2)追肥:根据葡萄生长时期进行追肥,第一次在萌芽前进行,
追施以氮肥为主的催芽肥,每株50克左右。第二次追肥时期为果
实膨大期,追施以磷、钾肥为主的催果肥,主要为0.3%磷酸二氢
钾,促进果实膨大、花芽分化和果实成熟。第三次施肥在果实开始
着色时进行,以钾肥为主,结合适量的磷肥,提高果实的品质,防止
果实脱落。第四次施肥是在采收后进行,以磷钾肥为主,恢复树
势,促进枝条的成熟和养分的贮藏。如施入"农博士"控施肥的大
棚可不用追肥和叶面施肥。

(3)叶面施肥:在开花前结合防病喷药进行叶面施肥,叶面喷
施0.2%~0.3%的硼砂溶液+0.3%磷酸二氢钾;花前每株开浅
沟施尿素和氮磷复合肥各50g。在果实膨大和着色期间,结合病
害防治,喷药时可加0.3%的磷酸二氢钾或微量元素肥料喷施,另
外掺加微肥和多元复合肥喷施,提高果实品质。

2. 水分管理

设施内土壤水分全靠人为补给,同时因土壤溶液浓度向表层
积聚,影响根系水分吸收,因此管理应与露地不同。覆棚前一周应
灌一次大水透水,萌芽后灌中水。花前7天,灌一次小水,花期不
灌水。坐果后灌一次大水,促进幼果生长。果实生长期,可间隔
15天左右灌一次小水、中水,保持10厘米以下土层湿润。在果实
软化、第二次生长高峰到来时再灌一次大水,保证果粒增大。采收
前二周停止灌水,防止裂果。灌溉方式可采用沟灌和浇灌、滴灌,
滴灌则是大棚内水分管理的最佳灌溉方式。

(三)设施内的温、湿度、光管理

1. 设施内温度的控制

葡萄是喜光植物,对光敏感,光照不充足时,节间细长,叶片薄,光合产物少,易引起落花落果,浆果质量差,产量低。

(1)定植后温度管理:栽植后第二天开始,每5天一个阶段,分三个阶段进行控温管理。在葡萄苗栽植后前5天温度控制在10℃,第二阶段温度控制在15℃,第三阶段温度控制在20℃。15天以后等芽体全部变绿,必须全部卷帘,卷帘后用通风口来调节温、湿度,将温度控制在25℃左右。连续5天棚外的夜间温度在12℃以上,就可以揭去棚膜,露地生长。

(2)秋季温度管理:当最低气温在7~8℃,连续4天,要及时扣棚膜。白天棚内温度保持在20~25℃,夜间温度保持在15~18℃。中午当温度超过28℃时,要注意打开上下通风口降温,夜间下风口要关闭。处于果实着色至采收期的大棚,白天棚温不高于30℃,夜间12~15℃,拉大昼夜温差,促进果实着色和糖分积累。

(3)休眠前后的管理

①休眠前降温措施:休眠前不能采取突然降温,否则影响树体营养的回流;也不能采取用拉帘降温的方法,要保证冬季仅有的光照,增强光合作用,促进养分的回流。只能通过控水、掌握开闭风口、适时放帘、揭帘进行降温。控制温度和湿度都是为了促进叶片老化,期间将老叶、病叶全部摘除,连续喷施3~4次磷酸二氢钾促进枝条老化。掌握开闭风口、放帘、揭帘时间,具体方法是在早晨揭帘提前半小时,下午放帘推迟半小时。降温用三周时间缓慢进行。

第一周,白天温度控制在20~25℃,夜间7~8℃;

第二周,白天温度控制在 15～20℃,夜间 5～6℃;

第三周,白天温度控制在 10～15℃,夜间 2～3℃。

②休眠期温度控制:休眠期管理主要是控制好棚内温度。棚内挂两只温度表,靠近门口第 2、3 行之间挂一个温度计;紧靠屋前面中间 1 米处挂一个温度计。棚口温度最低要在－1℃以上,棚中间温度保证在 2～3℃;当温度降到－1℃以下时要中午拉帘子升温。葡萄休眠后期,推广冷热空气置换技术,延迟葡萄发芽。

2. 设施内湿度的控制

由于设施中土壤水分可以人工控制,因此设施葡萄的水分管理相对比较容易,可根据葡萄生长发育不同时期的需水特点进行灌溉。

萌芽期保持土壤水分和提高室内湿度,发芽后则要控制湿度,萌芽至花序伸出期,棚内相对空气湿度应控制在 85％左右,花序伸出后,棚内相对空气湿度应控制在 70％左右,开花至坐果,棚内相对空气湿度应控制在 65％～70％,坐果后,棚内相对空气湿度应控制在 75％～80％。

另外,在设施内温度较高的条件下,湿度过大易发生徒长,应注意及时通风。

3. 设施内光照的控制

葡萄是喜光植物,对光较敏感,光照不足,易徒长,光合效率低。覆膜后光照会变弱,为增加棚内光照,覆膜时宜选用 EVA 无滴膜新膜。旧膜因老化与吸尘透光率可下降为原来的 50％,因此灰尘太多,应及时冲洗,以保证膜的透光量。提倡棚内铺设反光膜增加光照。

(四)设施内空气的调控

1. 通风换气

萌芽展叶之后,光合作用逐步旺盛,如逢晴天应在10:00以后间断通风换气1~2次每次30分钟左右。随着棚内温度可达28℃开始,每天通风换气,低于23℃关闭通风换气。

2. 增加 CO_2 的措施

二氧化碳是植物光合作用不可缺少的原料,植物的叶绿素吸收太阳光能,将二氧化碳和水同化成有机物质,以供其生长发育。因此在设施内二氧化碳浓度的高低,对葡萄光合作用产物多少有很大影响。

增加棚室二氧化碳浓度的方法首先采用增施有机质肥料的方法,如棚里每亩施入2000千克左右的秸秆肥,在50天内每天都能分解出500~800毫克/升的二氧化碳供葡萄光合作用使用。为防止有毒氨气的产生,棚内不宜使用未腐熟的有机肥,少施或不施碳铵和尿素。其次是人工施放二氧化碳气,在棚室里葡萄开花后和果实膨大期,需要二氧化碳较多,如棚室里不足时要施二氧化碳肥。目前市场已有片状、粒状和粉状的二氧化碳肥,可根据需要购入,按说明使用。第三,利用市场销售的二氧化碳发生器或自制简易发生器。二氧化碳发生器的原理为:$H_2SO_4 + 2NH_4HCO_3 = 2CO_2 + 2H_2O\uparrow + (NH_4)_2SO_4$。自制简易发生器,每亩温室均匀的吊起10个耐酸的小盆或桶,加入3.5升水,将工业用浓硫酸0.5升缓慢地沿器皿的边缘注入水中,边倒边搅,在温室揭草帘0.5小时后再放入适量碳酸氢铵,适当搅拌,使二氧化碳均匀地排放,要求温室密封2~3小时后,再放风换气。注意千万不能把水倒入硫酸中,以免激烈反应发生危险。

四、设施葡萄的整形、修剪

(一)设施葡萄整形修剪

保护地葡萄的整形方式,有篱架和棚架两种。篱架可分为单壁篱架和双壁篱架。单壁篱架又可分为单壁直立式和单壁水平式两种。

1. 单壁直立式

在行距2米、株距1.0~1.5米的情况下,于定植当年每株选留2个枝蔓,作为以后的结果母枝。将这两条枝蔓直立引缚于单壁篱架架面上。当新梢长达2米时摘心,只保留顶端1~2个副梢继续生长,其余副梢一律抹除。顶端保留的副梢,留3~4片叶反复摘心。落叶以后,从顶端分生副梢处留长1.5米左右,作为第2年的结果母枝。

第2年芽眼萌发之后,为促其萌发均匀,防止中下部芽眼不萌发而出现光秃现象,可先将结果母枝水平引缚于第1道铁丝上,或使其平铺于地面,待芽眼均匀萌发以后,再将其直立引缚于架面。为使结果母枝生长健壮,不使结果部位外移,可在2条结果母蔓基部,各选留1条健壮新梢,作为结果母枝的预备枝,但不使其结果,而是将其引缚于篱架行间,促进健壮生长,并按上一年选留结果母枝的办法整形。

第2年冬季修剪时,把上一年选留的已经结过果的结果母枝剪去,用新的预备结果母枝代替原结果母枝。以后,则这样循环修剪。

2. 单壁水平式

在定植当年,每株选留1条健壮新梢,作为结果母枝。新梢的引缚、摘心和副梢处理,和单壁直立式相同。

冬季修剪时,将1年生新梢,也就是结果母枝,水平引缚于第1道铁丝上,在2株交接处剪截。

第2年春季,芽眼萌发后,在结果母枝的水平方向,每隔15～20厘米,选留1个壮芽,待发出新梢后向上引缚,多余的芽全部抹掉。在第1道铁丝下面,选留几个壮蔓,作为预备结果母枝,并将其引缚于篱架行间,如有花序,应予疏除,促其健壮生长,形成饱满芽眼,以备第2年萌发结果枝。

第2年冬季修剪时,将原结果母枝剪除,用预备结果母枝替代。以后则如此循环修剪。

3. 双壁篱架

这种架式,行距为2.5米,株距为1～1.5米,两个篱壁间相距0.8米。葡萄幼苗定植于2个篱壁中间。在定植当年,采用双壁直立式整形时,选留4条新梢,作为结果母枝;采用双壁水平式整形时,选留2条主蔓,作为结果母枝,分别引缚于左右两边的篱壁上。其余整形步骤,和单壁直立式相似。

(二)设施栽培葡萄的季节修剪

1. 冬季修剪

自落叶后至伤流期前均可进行冬季修剪。枝条所贮藏的养分一般在落叶后3～4个星期内由一年生成熟新梢向根部及老蔓中转移,故冬季修剪应在落叶后至伤流前2～3星期之间进行。

修剪方法:结果母枝的修剪可采用短梢修剪,短梢留2～3芽,为防止结果部位快速上移,又保障剪口芽为结果母蔓的优质芽,以便抽生良好的结果枝,生产优质葡萄,通常采用3芽修剪。平均每米留结果枝5～7枝。冬季修剪后,枝蔓引缚于架面铁丝上,引导枝蔓合理配置架面,均匀受光,改善营养条件。

2. 夏季修剪

(1)抹芽:设施内萌芽期长,为减少贮藏营养的消耗,抹芽需分几次及时进行。保留早芽,饱满芽,抹去晚芽、瘦弱芽,留主芽去副芽。

(2)抹梢、定枝:设施温度高,湿度大,通风差,光照不足,易造成枝梢徒长,当能确认有无果穗时,抹去强梢、弱梢,留生长整齐的新梢。并根据产量,早定枝。每平方架面留 10～15 个结果枝,每亩留梢 3000～4000 个之间。

(3)引缚、除卷顶,摘老叶:当新梢长到 30～50 厘米时,及时均匀地引缚新梢到架面上,弱枝一般不引缚。新梢上发生的卷顶要及时摘除,便于管理和节省营养。上色初期可摘除部分老叶、黄叶,改善通透性。

(4)摘心与副梢处理:一般在花前 7 天至初花期进行。强梢在花序上留 4～6 叶摘心,中梢留 6～7 叶摘心,弱梢可不摘心。坐果好的品种,主梢摘心可晚些。主梢摘心后的副梢,原则上花序以下不留,花序以上根据叶片大小留 0～1 叶绝后摘心,顶端留 1～2 个副梢,3～5 叶反复摘心。预备枝和营养枝在其中部须保留 2～3 个副梢,留 6～7 叶摘心,使之成为来年的结果母枝。

第三节　提高葡萄产量和质量的综合措施

提高浆果品质,增加其商品价值是葡萄栽培中的一项重要任务。除了选用优良品种,适地适栽,加强土肥水管理,合理控制和调节负载量,加强树体管理、果实套袋等常规管理外,近些年一些新的管理方法和技术也在葡萄栽培中得到了广泛的应用。

1. 调整叶幕光照

葡萄叶幕由枝蔓、新梢和叶片组成。其叶幕结构和厚度与透光强度有直接关系。据实践经验，确定叶幕透光度强弱，要以架下日光影的多少及大小为准。一般日光影小而多为最好，叶片光合效率高，其架面每平方米叶面积约为 2 平方米；如架下很少有日光影，表明叶幕层过厚，透光不佳，光合效率低，这时要采用缩剪副梢、剪除老叶、病叶等方法及时调整；如架下日光影大而多，反映出架上枝叶量不足，必须增加新梢和叶量，提高光合效率。据报道，葡萄从幼叶出现到长成全叶时需要 30～40 天。叶平展后的 30～60 天为光合效率最佳时期，以后叶片功能逐渐减弱，当叶片进入老龄阶段时变成"寄生叶"，因此，要调整好叶幕层结构和厚度，使之有足够的适龄叶片进行光合作用，才能保证植株健壮成长和结出粒大、色艳、质优的果实。

2. 有核品种无核化处理

现在国内外对有核葡萄无核处理，主要是在开花前用赤霉素（GA）进行处理，使其葡萄花粉和胚发育异常，变成无核，在盛花后再用赤霉素处理，促使细胞和果粒增大。

（1）赤霉素处理：在开花前 11～14 天用浓度为 50～100 毫克/千克的赤霉素浸湿花序诱导无核；再在盛花后 7～15 天，用同样浓度的赤霉素浸穗，使果粒增大。我国对巨峰、马奶子等品种处理，无核效果较好，其处理方法是在开花前 2～5 天，用浓度为 10～25 毫克/千克的赤霉素药液和在盛花后 10～15 天再用浓度为 20 毫克/千克的赤霉素药液，各浸蘸花序一次，其无核效果均达 90% 以上。

（2）链霉素（SM）与赤霉素共用法：在开花前至初花期用链霉素 100 毫克/千克和赤霉素 20～100 毫克/千克混合蘸花序，在盛花后 10～15 天只用赤霉素 50～200 毫克/千克处理的效果,比单用赤霉素处理较好,无核率达 90％以上,不良反应较小。

无核药剂种类很多,在无核处理时应注意按产品说明书严格掌握使用方法和选择适宜品种,每个品种处理浓度时间要求均不同。用生长素处理后必须与相应的栽培技术配合,加强土、肥、水和树体管理才能收到良好效果。

3. 无核品种果实膨大技术

现在我国市场供应的葡萄果实膨大素药品较多,其主要成分都是赤霉素,应用时要按说明书进行。

(1)吡效隆膨大素:该药是新型细胞分裂素,其活性强,适用品种多,不良反应小,效果较稳定。对无核品种是在落花后 3～5 天用 5～20 毫克/千克该药液处理果粒,果粒增大效果明显,可使果粒增重 20％左右,使粒大穗紧,商品性好,适用于无核白等品种。

(2)赤霉素处理:无核品种在落花后 3～9 天用 100～200 毫克/千克浓度赤霉素浸蘸花序,能使果粒增大 1 倍左右。

4. 使用食醋提高品质与产量

食醋是人们常用的调味品,近年来作为一种增产剂应用于葡萄生产,并已引起各地的广泛重视。

具体方法是在葡萄开花期、浆果膨大期以及浆果开始成熟期各喷 1 次 400～500 倍的食醋液,一般可提高产量 10％～20％,百粒重和穗重也有明显增加。

采用食醋液叶面喷施时应注意:喷布时间应在下午 4 点以后,以叶背为主,喷遍整个植株。选用醋液时不能用市场上出售的化学醋,而应选用用粮食、果类酿造的食用醋。喷布醋液时浓度不能过大,否则会引起叶片灼伤,叶面喷醋可与叶面喷肥结合进行。

5. 喷增甜灵

葡萄成熟前 15 天开始喷布。每天上午 8～10 时、下午 4～6 时喷布较好,中午不宜喷布,因气温高,蒸发快,不利于果实叶片吸收。每亩用 100 克,兑水 50 千克,溶解搅匀后喷布,喷洒要均匀,果实和叶片都要喷到。可喷 1～3 次,每次间隔 3～5 天。喷后遇雨要补喷。为了提高喷布效果,在增甜灵激素溶液中可放入适量的淀粉或肥皂液或豆浆等黏着剂。

6. 葡萄架下覆盖银灰色塑料薄膜

选用 0.015 毫米厚的银灰色薄膜,在葡萄采收前 30～40 天把葡萄架面下和行间全部覆盖。膜的宽度,按葡萄蔓长短或行间大小而定,在风大而多的地方,要每隔一段,压紧,以防大风刮掉或卷起。

7. 环剥

葡萄环剥能在短期内阻止上部叶片合成的碳水化合物向下输送,使营养物质在剥口上部分积存,有提高坐果率、增大果粒、提高含糖量、提早果实成熟等作用。主要根据环剥的目的不同而决定处理时间,如为改善花器营养,提高坐果率,宜在开花前 5～7 天环剥;为了增大果粒,宜在幼果膨大期进行;为了提早成熟,增加糖分,要在果实开始着色时进行。结果枝上环剥的部位及宽度主要是在花序或果穗下部的节间进行,即用双刃环剥刀或芽接刀在果穗靠近结果母枝的节间进行环剥。环剥宽为 3～4 毫米,深度要求切断皮层而不伤木质部为好。剥后将皮拿掉,用新鲜干净塑料薄膜包扎,防止碰伤和病害侵染。

8. 调节磷提高果实含糖量

调节磷在葡萄上喷布能显著提高果实含糖量，而且有控制副梢生长的作用。

葡萄上喷布调节磷一般在浆果成熟前1个月时喷布，浓度以500～1000毫克/千克为宜，用喷雾器进行全株喷洒，一般喷布1次即可收到良好效果。

调节磷对葡萄副梢有较强的抑制作用，从而能够减缓后期副梢生长，有利于养分向果粒集中和在枝蔓中贮存。调节磷的生理作用随施用浓度增大而明显增强，但最高浓度不宜超过1500毫克/千克，以防产生药害。

9. 采收前喷钙，增强葡萄的耐贮力

钙肥对葡萄品质和抗逆性有重要的作用。它和氮、磷、钾并列成为植物四大主要肥料。在采收前用硝酸钙或醋酸钙对葡萄进行叶面及果面喷施，可以明显提高葡萄果实中钙的含量，从而提高葡萄品质和果实的耐贮藏能力。

葡萄采前喷钙一般分两次进行；第一次在8月上中旬，这时所用浓度为1%左右；第二次在采前10天，用较高的浓度（1.5%左右）。葡萄增施钙肥已成为现代鲜食葡萄栽培中一项重要技术。

10. 果实硬核着色期施钾肥

葡萄是"喜钾"果树，钾起到增糖降酸作用。果实品质在很大程度上取决于果实内所含糖的种类和数量。葡萄叶片合成的碳水化合物主要形式是以蔗糖的成分通过韧皮部转运到果实，在果实内蔗糖转化为果糖和葡萄糖。采收时果实的果糖含量略高于葡萄糖，由于果糖的甜度高，即15%果糖甜度等于22.8%葡萄糖甜度，因而含果糖高的葡萄风味甜，而含葡萄糖高的风味较淡。当葡萄

叶片含钾达 5％比叶片含钾 1％～2％时可多转化 50％～70％的光能。钾素充足的葡萄碳素营养从叶片输往茎干、果实的速度比缺钾的葡萄快 2 倍,果实内获得较多的糖分。葡萄在硬核软化期为吸收钾素高峰期,在该时期亩施钾肥 30～40 千克,使葡萄果实上色快,糖分提高 2～3 度,而且果实内果糖含量高,风味很甜。另外,葡萄中后期根系开始衰退,施肥应以水肥为主,50 千克加 1.5千克硫酸钾＋10％过磷酸钙浸出清液,每株淋肥液 5 千克,每七天淋一次,连续淋 2～3 次即可。

11. 喷布稀土元素提高葡萄产量与品质

稀土元素近年来在果树上应用十分广泛。商品稀土微肥称为农业益植素,简称"农乐"。葡萄上喷施稀土元素,能提高坐果率,增加干物质的积累,有效地提高产量,增进品质,同时还可以有效地防止果实裂果和促进果实提早成熟。

稀土元素在葡萄上的应用方法是在葡萄开花前、盛花期及果实膨大期,各喷 1 次 500～1000 毫克/千克的稀土元素。

对于一些容易裂果的品种如乍娜、里扎马特等在果实膨大期连续喷布两次 500 毫克/千克的稀土元素,能促使果皮增厚,从而相应减少裂果。

使用稀土肥时应注意:①稀土肥料只能溶于微酸性溶液之中,在碱性溶液中易形成沉淀而不能溶解,因此在配制时可先用食醋将水溶液调成微酸性,pH 在 5～6,然后再加入稀土,充分搅拌,待其完全溶解后再配成所需浓度,以备使用。②稀土微肥应在晴天的上午 9～10 时,下午 4～5 时喷施。③叶面喷施稀土微肥浓度不得超过 1％,否则容易引起药害。④稀土微肥对沙质土壤和石灰质土壤上的葡萄园使用效果明显,而在酸性土壤上应用无明显效果。

第六章　病虫害防治

葡萄病虫害直接影响葡萄的品质和产量。因此,在葡萄生产过程中,认真贯彻"预防为主,综合防治"的方针,在农业防治的基础上,因地因时制宜,合理运用化学防治、生物防治和物理防治等措施,达到经济、安全而有效地控制病虫害,提高葡萄的品质和产量,以达到无公害绿色食品的要求,增强葡萄产品在市场上的竞争力。

第一节　葡萄病虫害的综合防治

1. 品种选择

品种要选择产量高,质量优,抗病虫害的品种。

2. 地势选择与整地改土

葡萄是多年生藤本植物,喜光,在阳光充足,地势开阔高燥,空气畅通,排灌方便,土质疏松,透水性良好的沙质壤土或有机质含量高的石砾壤土上种植,感病较轻。沟谷地或水稻田种葡萄,如不抬高畦面,开设排水系统,其病害多,且发病重。葡萄栽培在20°～25°坡地最为合适,坡向不同,其光照、湿度、热量、风量也不同,感病轻重也有差异。一般南坡、东南坡和西南坡发病较轻,北坡、东北坡和西北坡较阴冷,湿度大,感病较重。经多年多点观察发现,葡萄的定植行向与发病轻重有较大关系。一般认为南北向较好,但在丘陵地区常常受地形地势制约,使南北行向不通风。因此,应根据当地小气候特点,找准种植地 5～7 月的风向,顺风向确定定植行向,以利通风,降低园地湿度,才有利于减轻病害。同时,深沟高畦式栽培也是降低园地湿度减轻病害的重要措施。

3. 适当扩大行距,提高结果部位

经多年观察发现,以篱架栽培发病较轻,单臂篱架又较双臂篱架发病轻。同时,南方高温多湿地区栽植葡萄,行距要适当扩大。通常认为行距与架高相等为宜,但笔者认为,篱架高度可以控制在 1～2.2 米,而行距则不能低于 1.7 米,以 2.0 米以上为好,否则,葡萄行内通透性差,发病重。另据观察,葡萄病害的发生以篱架下部近地面为重,如白腐病的 80% 病穗分布在距地面 40 厘米以下的果穗上,黑痘病、炭疽病等在距地面 80 厘米以下病穗比例也在 60%～80%,因此,提高结果部位是减轻病害的重要措施。将果穗位置控制在 90～120 厘米,新梢位置调整到 110～150 厘米处,篱架高度不超过 2 米为宜。

4. 密植疏枝,控蔓定芽

葡萄植株的长势随品种不同而异,为了减轻病害,应以保持中庸树势为原则进行修剪。生产上为了提高前期产量,多采用密植栽培,这是无可非议的。如"密不透风",三五年后就会出现"枝密病重"的不利现象,有不少葡萄园因此毁园。因此,密植目的一旦达到,就要立即疏株,保持合理的枝条密度。南方栽培葡萄的留枝密度应比北方低 10%～20%。在留蔓修剪上,要坚持"密株不能密蔓,密蔓不能密芽(冬芽留量)"的原则。每株先留单蔓,株展扩大后,从单株单蔓逐步扩展为 2～3 蔓或 3～4 蔓,按栽植后第 3 年

冬剪留芽量不超过 10 000 个/亩为宜。如按第 3 年后每株冬剪留芽量 40 个计,第 3 年后保留株数在 250 株/亩。如定植时按行株距 2 米×0.5 米,每亩定植 666 株,成活率按 90% 计,有植株 600 株左右,那么在第 3 年秋应计划疏除 350 余株。疏株工作主要在栽后的第 3～5 年,每年疏除量可按上述方法计算,第 5 年后植株量即可定型,但又需要接着开展枝蔓更新工作。另外,为了有效控制枝蔓数量,必须加强夏季修剪,对主梢多次摘心,以增粗结果主蔓,对副梢留 1～2 叶反复摘心,及早抹除无用副梢。

5. 增加有机质含量,减少氮肥用量

经调查发现,葡萄种植在有机质含量达 2% 以上的土壤上,才能表现出树势健壮,抗病力强,产量高,品质好,才有利于生产优质高档葡萄。大面积生产上达到此标准的园地很少,为了增加产量,往往以追施化肥为手段,结果不少葡萄园造成施氮过量,反而加重霜霉病、黑痘病等的危害。因此,增加土壤有机质含量,减少氮肥用量是防病抗病的有效途径。

6. 注意土壤排水,降低园地湿度

在 4～8 月葡萄生长期,应随时注意排水,保持排水沟畅通。同时,排水沟应具备不小于 5‰ 的比降,可根据园地大小,按 1～3 级分别设立排水沟,以达到雨停后沟内无明水为原则。如沟内长期渍水,园地湿度大,很容易感病或加重病害。

7. 加强冬季清园,注意园地卫生

入冬前将枯枝落叶、病虫枝蔓、果穗、病株残体等清除于园地外集中烧毁后,对土壤进行消毒、深翻。消毒方法是用 50% 福灵双 1 份、硫黄粉 1 份、碳酸钙 2 份混合均匀后喷施地面,用量为 1.5～2.0 千克/亩。生长季节应结合修剪及时彻底摘除病果、病

叶及病蔓,并集中烧毁。

8. 有的放矢,适时施药

利用杀菌剂、杀虫剂等对病虫害进行防治,是当前葡萄生产上应用最为普遍且见效快、效果显著、方法简单的一种病虫害防治方法。但存在许多弊端,易产生药害、污染环境和果品等。为了更好地发挥化学防治的优点,应注意合理使用农药。

(1)对症施药,根据病虫害种类合理使用农药。

(2)适时用药,计量准确喷药周到,避免产生药害。

(3)选用高效低毒、低残留农药和选择性药剂。

(4)选用农药要用国家登记并允许在葡萄上使用的农药。

(5)合理混用,如果为防治不同的病虫害,需要混合使用时,一定要合理混用。

(6)严格遵守和执行有关农药产品和农药残留量标准及收获前施药安全间隔期的规定。

第二节 葡萄常见病害的防治

葡萄病害虽有多种,但其发生频率、为害程度和地域分布等均差异较大。有些是偶尔发生,有些为局部发生,有些虽发生普遍,但对葡萄构成的威胁较小,因此各地可根据病症表现进行防治。

一、葡萄主要病害及其防治

1. 葡萄霜霉病

霜霉病(彩图4)是世界上葡萄的第一大病害,也是我国为害葡萄叶部的主要病害之一。在我国各葡萄产区均有发生,多发生在夏季高温多湿的地区。

【发病规律】葡萄霜霉病是一种真菌病害。病菌以卵孢子在病组织中或随病叶在土壤中越冬,翌年春在气候条件适宜时,卵孢子萌发后产生孢子囊,再由孢子囊产生游离孢子,借风雨传播到叶片上,从叶片气孔侵入,进行初次侵染。只要条件适宜病菌就不断进行重复侵染,华北地区立秋前为发病高峰期,雨后闷热天气更容易引起霜霉病突发。果园地势低洼、栽植过密、架面过低、管理粗放等都容易加重病情。施肥不当,偏施或迟施氮肥,造成秋后枝叶繁茂成熟延迟等都易引起霜霉病为害。

【症状特点】本病为害植株地上部分所有的幼嫩组织。叶片受侵害后,初期呈现半透明、边缘不清晰的油渍状小斑点,继而常相互联合成大块病斑,多呈黄色至褐色多角形。天气潮湿或湿度过大时,在病斑背面产生白色霜霉层。病斑最后变褐干枯,病叶也干枯早落。新梢、卷须、穗轴、叶柄发病时,开始为半透明的油渍状斑点,后发展为黄色至褐色微凹陷的不定型病斑,潮湿时病斑也产生白色霜霉层。病梢生长停滞、扭曲,甚至枯死。幼果染病后,病部退色、变硬下陷,并生长出白色霜霉层,随即病果脱落;果实半大时受侵染,病果呈褐色软腐状,不久即干缩脱落,果实着色后,病菌不再侵染。病果含糖量降低,品质变劣。

【防治方法】

(1)晚秋收集病叶病果,剪除病梢,并销毁或深埋。加强果园管理,及时夏剪,引缚枝蔓,减少近地面枝叶,改善架面通风透光条件。注意除草,注意适时浇水和排水,降低地面湿度,适当增施磷钾肥,对酸性土壤施用石灰,提高植株抗病能力。

(2)常用药剂有 1∶0.7∶200 波尔多液,65％代森锌或福美锌可湿性粉剂 500 倍液,40％乙磷铝可湿性粉剂 300 倍液,25％瑞毒霜可湿性粉剂 1000 倍液。为防止抗药性产生,药剂应交替使用。

2. 葡萄炭疽病

葡萄炭疽病(彩图5)是我国葡萄的主要病害之一,主要为害接近成熟的果实,因此也称"晚腐病"。

【发病规律】病菌以菌丝在结果母枝一年生枝节上、病果、叶柄基部、叶痕及附近皮层处越冬。病菌在翌年6~7月间遇足够的雨水泡湿,1~2天内就能产生孢子,成为初次侵染源。发病有中心株,呈伞状向下蔓延,流行极快,7月上中旬雨水增多,开始发病,尤其果穗着色近成熟期特别易感病,感病后又产生大量孢子,反复侵染造成大流行。

【症状特点】近地面的果穗尖端果粒首先发病。果实受害后,先在果面产生针头大的褐色水渍状圆形小斑点,以后病斑逐渐扩大并凹陷,表面产生许多轮纹状排列的小黑点,即病菌的分生孢子盘,天气潮湿时涌出粉红色胶质的分生孢子团,这是其最明显的特征。严重时,病斑可以扩展到整个果面,后期感病时果粒软腐脱落,或逐渐失水干缩。果梗及穗轴发病,产生暗褐色长圆形的凹陷病斑,严重时使全穗果粒干枯或脱落。

【防治方法】

(1)秋季彻底清除架面上的病残枝、病穗和病果,并及时集中烧毁,消灭越冬菌源。

(2)彻底清除病穗、病蔓和病叶等,以减少菌源。果穗套袋可明显减轻炭疽病的发生,应在谢花后立即套袋。

(3)春季葡萄萌动前,喷洒5波美度的石硫合剂,铲除越冬病原体。6月下旬至7月上旬开始,每隔15天喷1次药,共喷3~4次。常用药剂有500~600倍炭疽福美、75%百菌清500~800倍液和50%退菌特600~800倍液。每次喷药对结果母枝上都要仔细喷布,这是预防炭疽病发生的关键。一旦发现有炭疽病发生,要及时喷布1500~2000倍霉能灵迅速进行治疗。

3. 葡萄白腐病

葡萄白腐病(彩图 6)是为害葡萄果穗的最重要的病害之一,特别是老葡萄园遇有阴雨连绵的年份,往往造成丰产不丰收的严重局面。北方产区发生较多,南方发生较少。

【发病规律】侵染特点是近地面果穗先发病,病菌在一个生长季节可多次再侵染,果实越接近成熟,抗病能力越差,病害越严重。

由于病菌几乎全部来自土壤,越接近地面的果穗受病菌侵染的机会越多,架下湿度大,通风透光差,利于发病;雨季越早,雨水越大,病害发生就越早,导致病害大流行;伤口多(雹伤、果粒裂果),杂草丛生,通风不良,雨露久湿不干,导致病害流行;土壤黏重,排水不良或地下水位高的潮地,病害严重;挂果量大,树势弱,葡萄霜霉病的严重发生,削弱树势,可诱发白腐病大发生。

【症状特点】葡萄白腐病为害果穗、果粒、果梗、枝条及叶片。果穗的穗轴或小穗受侵染后变成浅褐色,水渍状腐烂,整个果穗或部分小穗脱落。果粒受侵,开始为淡褐色软腐,4～5 天后果粒上长出白色小点,为病菌分生孢子器,病果粒易脱落或失水干缩成僵果。落花后不久的小幼果受侵后,小粒果成干枯状。

新梢受侵染,病斑初期为淡红褐色,沿新梢纵向发展,后期病部为灰褐色,其上密生灰白色的小粒点。病部表皮呈麻丝状剥离。叶片受侵染后,在叶边缘上产生较大病斑,呈水渍状,失水后其上有环纹,密生分生孢子器,病叶易破碎。

【防治方法】

(1)生长季及时清除病果、病叶、病蔓;冬剪时彻底清扫果园,彻底清除落于地面的病穗、病果;剪除病蔓和病叶并集中烧毁。对于重病果园要进行土壤消毒,用硫黄粉 1 份、福美霜 1 份、石灰粉 2 份混合均匀每亩用 1.5～2 千克撒施,连用 2～3 次间隔 10 天或用开普顿 200 倍液进行地面喷洒消毒。

(2)加强栽培管理,改良架形,提高坐果部位以减少发病。合理修剪、及时绑蔓摘心、适当疏叶,创造良好的通风透光条件,降低葡萄园田间湿度。果实硬核期后减少氮肥的施入量,增施磷钾复合肥,提高植株抗病能力。

(3)喷布保护剂,常用的保护剂有 78％科博可湿性粉剂 600 倍液、50％多霉灵 600 倍液、50％甲基托布津 800 倍液、50％可湿性福美双 800 倍液。一旦发现有白腐病发生应及时喷 8000 倍 40％福星、3500 倍 12.5％烯吐醇或 800 倍甲基托布津、1200 倍易保等药物。

(4)推广果穗套袋技术与葡萄园种草和覆草技术,这样既能提高果品质量,也能防止病菌侵染,减少农药的喷施。

(5)冰雹、暴风雨发生后 12 小时内必须及时喷保护剂预防白腐病暴发。

4. 葡萄黑痘病

葡萄黑痘病(彩图 7)又称疮痂病,俗称"鸟眼病",是严重为害葡萄的一种病害,各地均有发生,以南方高温多湿地区发病较重,葡萄生长全过程都有发生。幼叶、嫩梢、幼果、卷须等均受害。

【发病规律】黑痘病属真菌病害。病菌在叶及枝蔓上越冬,靠雨水传播侵染,春夏之间多雨、多雾、潮湿易发病,果园地势低洼、排水不良、管理粗放、通风透光不好及偏施氮肥等发病较重。

不同品种抗病力差异很大,马奶子、龙眼、玫瑰香等品种感病较重;白羽、鸡心等品种抗病力较强。树势强、叶片厚、叶背绒毛多、果皮较厚的品种抗病力也较强,否则抗病力弱。

【症状特点】凡是带有绿色的部分都有感染此病的可能性,如幼叶、嫩梢、花序、幼果、卷须等,以新梢发病最早。

幼叶发病时,呈现多角形斑,叶脉受病部分停止生长,造成叶片皱缩畸形。

叶片受害时,则发生疏密不等的黄色圆斑,边缘暗褐色,中央浅褐色或灰白色,以后病斑干枯,常形成穿孔。

嫩梢、叶柄和果柄被害时,先发生紫褐色长椭圆形病斑,凹陷严重时病斑相连,幼叶和病枝干枯。

幼果被害时,果面发生淡褐色小斑,小斑近圆形,边缘紫褐色,中央渐变白色,稍凹陷,上有黑色小点(即分生孢子),病果不能长大,味酸,无食用价值。

【防治方法】

(1)外引苗木、插条的彻底消毒是葡萄新发展区预防黑痘病发生的最好方法。一般在栽植或扦插前用 10%～15% 的硫酸铵溶液或 0.3 波美度石硫合剂加 0.5% 五氯酚钠混合液中侵泡 3～5 分钟,取出阴干后进行定植、假植或外运。

(2)选用适宜本地区的抗病品种,如南方选巨峰群中的黑蜜、高妻、峰后、红瑞宝、伊豆锦等品种;华北、西北、东北地区选凤凰 51、87-1、亚都蜜和京秀等品种。

(3)搞好冬季清园是防治黑痘病的一项关键性措施。冬季应彻底剪除病枝,清扫园内病叶、病果集中烧毁,以清除越冬菌源。

(4)使用铲除剂。在葡萄发芽前(冬芽鳞片开始微露红而未露绿时)喷洒 1 次铲除剂,消灭越冬潜伏病菌。常用的铲除剂有 3～5 波美度石硫合剂或五氯酚钠 200～300 倍液加 2 波美度石硫合剂。除喷洒植株外,还要喷洒地面、铁丝、架材等,做到园内全面消毒。

(5)发芽前喷一次波美 3～5 度石硫合剂加 0.5% 五氯酚钠或 25% 别腐烂(双胍盐)250 倍液;展叶后至果实着色期,高温多雨地区每隔 5～7 天、较干旱少雨地区每隔 10～12 天喷 1 次半量式波尔多液(即 1 千克蓝矾,0.5 千克生石灰,200 千克水),或用 78% 科博 600 倍液,或用 80% 大生 M-45 700～800 倍液,或 50% 多菌灵 600～800 倍液,或 70% 甲基托布津 800～1000 倍液,或 40% 福星 8000 倍液。各种农药要按规定间隔时间交替使用,提高药效。如遇大雨后晴天,要补喷药剂,保持防治效果。

5. 葡萄灰霉病

葡萄灰霉病(彩图 8)现已成为葡萄生产上的重要病害之一。多发生在高温多湿地区或季节,也是保护地葡萄生产和贮藏期的主要病害。全国各地均有发生。

【发病规律】灰霉病菌腐生性很强,以分生孢子和菌核形式广泛存在于田间病株残体、土中或表土,并且耐干旱、耐低温、存活率高。菌核在适宜条件下产生分生孢子,随风雨或灌水飞溅到植株上从伤口侵入。灰霉病的侵染有两个明显期:一是侵染多发生花期(5 月下旬至 6 月上旬);二是果实着色期(7 月下旬至 8 月中旬)。也有的是花期潜伏侵染,果实近成熟期发现症状。

发病轻重与空气湿度、伤口关系极为密切。天气潮湿或阴雨天,有利于发病。

【症状特点】葡萄灰霉病主要为害葡萄的花序、幼果和成熟的果实,也可为害新梢、叶片、穗轴和果梗等。花序受害时,出现似热水烫过的水侵状、淡褐色病斑,很快变为暗褐色、软腐,天气干燥时,受害花序萎蔫干枯,极易脱落;空气潮湿时,受害花序及幼果上长出灰色霉层,即病菌的菌丝和子实体。穗轴和果梗被害,初形成褐色小斑块,后变为黑褐色病斑,逐渐环绕一周,引起果穗枯萎脱落。叶片得病,多从边缘和受伤部位开始,湿度大时,病斑扩展迅速,很快形成轮纹状、不规则大斑,以后果实腐烂。果穗受害,多在果实近成熟期,果梗、穗轴可同时被侵染,最后引起果穗腐烂,上面布满灰色霉层,并可形成黑色菌核。

【防治方法】

(1)要及时清除病叶、病果,并集中烧毁或深埋。

(2)合理留果,及时夏剪,搞好通风透光和降低田间或贮藏窖内湿度。

(3)花前和果实成熟期各喷1～2次杀菌剂,如喷50%多菌灵600～800倍液,或50%甲基托布津500～1000倍液,在花前也可喷50%多菌灵2000倍液或多抗霉素600～900倍液,防治效果较好。对于贮藏果实,除采收前喷杀菌药剂外,应在晴天采收,入窖前用50%扑海因或50%多菌灵800倍液处理果实。还可用1%～2%碘化钾溶液泡过的碘化纸包装,防病效果也很好。

6. 葡萄白粉病

葡萄白粉病(彩图9)在我国葡萄产区普遍发生,尤以西北地区发病严重,直接影响果实产量和品质。

【发病规律】白粉病病菌以菌丝体在枝蔓被害组织内或芽鳞中越冬,第二年环境条件适宜时形成分生孢子,借风力传播,直接侵入寄主。华北地区每年7月上旬开始发病,7月下旬进入盛发期;华中地区发病较早,6月上旬即开始发病,7月上旬发生最盛。高温干旱的夏季闷热天气有利于病害的发生和流行。设施栽培中白粉病是葡萄主要的病害种类之一。嫩叶及幼果易感病,叶片老熟和果实着色后很少发病;栽植过密、管理粗放、通风透光不良等有助于发病。

【症状特点】白粉病主要为害叶片、新梢、果实、卷须等绿色部分,老熟后的器官一般不感染。叶片被害时,表面常有灰白色的斑点,上覆白粉,病斑大小不等,叶缘卷缩,脆而硬,最后枯焦脱落,新梢、卷须被害时,同样覆一层白粉,到后期出现鱼鳞状褐色斑点,卷须自然枯死。幼果发病时全布白粉,果粒常常枯萎脱落,果粒较大时对果面覆一层白粉,抹除白粉后果实表面仍留下褐色病斑,并停止生长,硬化,易发生纵裂。

【防治方法】

(1)结合修剪,除去病枝、病叶、病果,减少越冬病源。

（2）增施农家肥，及时灌水，使树体健壮。搞好夏剪，确保通风透光，能减少发病。

（3）葡萄萌芽前鳞片开裂时喷布 3 波美度石硫合剂，彻底消灭越冬病源。发芽后初发病时喷 0.3～0.5 波美度石硫合剂加五氯酚钠 300 倍液，或喷 50％硫磺悬浮剂 200～400 倍液，或喷 70％甲基托布津 800～1000 倍液，每隔 7～10 天喷 1 次，连喷 3 次效果较好，或在花前和幼果期各喷 1 次 15％粉锈宁 1500～2000 倍液，或喷 40％福星 8000 倍液混加易保 1000 倍，或用 50％多菌灵 1000 倍液，均有较好的防治效果。

7. 葡萄褐斑病

葡萄褐斑病（彩图 10）又叫斑点病，仅为害叶片，可造成早期落叶，严重影响产量、品质和树势。在全国各地都有发生，多雨年份发病较重。

【发病规律】褐斑病病菌主要以菌丝体和分生孢子在落叶上越冬，翌年初夏产生新的分生孢子。分生孢子借风雨传播，到达叶面后由气孔侵入，发病常由植株下部叶片开始，逐渐向上蔓延。病菌侵入寄主后，经过一定时期，可以产生新的分生孢子，引起再侵染。雨水多、湿度大的年份发病重，肥力不足、管理差的果园发病较重。

【症状特点】依病斑大小和病原菌不同分为大褐斑病和小褐斑病。大病斑为近圆或不规则形，直径 3～10 毫米，病斑中部为深褐色，边缘为褐色或黄褐色，病斑背面为黑褐色霉状物，为分生孢子梗和分生孢子。1 片叶可有数个到数十个病斑，严重时叶片干枯破裂，导致早期落叶。

小褐斑病的病斑近圆形或不规则形，直径 2～3 毫米，大小比较一致，病斑外部深褐色，中部颜色较浅，后期病斑背面生出灰黑色的霉层。

【防治方法】

(1)秋后至初冬将枯枝落叶彻底清扫干净,集中烧毁或深埋;春季剥除老树皮烧毁。

(2)夏剪时及时疏除过密的副梢、老叶,铲除杂草,使果园通风透光。并要及时排水、降低湿度。增施有机肥和磷、钾肥,增强树势。

(3)落叶后至萌芽前喷布3~5波美度石硫合剂1~2次。5~6月份结合防治其他病害、喷1∶0.5∶200波尔多液,连喷2~3次,以后每隔10~12天(南方降雨天多隔5~7天)喷1次。初发病喷70%代森锰锌800倍液,或65%代森锌500倍液,或50%苯莱特800~1000倍液,均有较好效果。

8. 葡萄根癌病

葡萄的根癌病(彩图11)又称根头癌肿病,是我国葡萄产区的一种常见细菌性病害。一般发生在根茎部位和老蔓上,植株染病后,树势逐渐衰弱,直至死亡。

【发病规律】根癌病的病原菌在根癌表层或土壤中越冬。当癌的外层分解后,细菌被雨水冲入土中,细菌在土中能存活数月到一年多时间,主要由伤口入侵,侵入皮层组织后开始繁殖,附近的细胞受到刺激后开始分裂,细胞不断增加而成癌瘤,土壤湿度增高对该病传染率也高,植株发病后,树势衰弱,产量低下,寿命缩短。

【症状特点】该病主要发生在根茎部或两年生以上的枝蔓上,发病初期不论在根茎部位或枝蔓上一般形成似愈伤组织状的瘤状物,并稍带绿色,打开后内部组织松软,表面粗糙不平,随着葡萄的生长,瘤体则逐渐增大,表面绿色逐渐变为褐色或暗褐色。内部组织木质化,在阴雨连绵天气腐烂发臭,癌瘤形状极不整齐,多数为球状或扁平状,大小不一,受病植株生长衰弱矮小,叶色变黄,严重时影响产量和树体发育,但一般发病比较缓慢。在同期扦插或植苗的葡萄园内,如发现生长差异很大时,要注意检查。

【防治方法】

(1)苗木要严格检查,发现有根癌病不准出圃和栽植。一般建园时将苗木根茎以下部分用1‰硫酸铜液侵5分钟,再放入2‰石灰液侵1～2分钟即可。

(2)改良土壤结构和增施酸性肥料降低 pH,中耕除草时避免伤口和防止地下害虫为害和冻害。

(3)枝蔓发现病瘤后切除并涂抹3～5波美度石硫合剂或涂抹腐必清5倍液或843康复剂原液,或100倍硫酸铜液等。

(4)采用放射性土壤杆菌 H_1B-2 对病株进行防治。

9. 葡萄酸腐病

酸腐病(彩图12)是为害葡萄果实的一种病害,对果品的质量影响很大。

【发病规律】酸腐病是真菌、细菌和醋蝇联合为害。严格讲,酸腐病不是真正的一次病害,应属于二次侵染病害。从有关资料上看,首先有伤口,从而成为真菌和细菌的存活和繁殖的初始因素,而后引诱醋蝇在伤口处产卵,醋蝇身体上有细菌存在,爬行、产卵的过程中传播细菌。醋蝇卵孵化、幼虫取食同时造成腐烂,之后醋蝇指数性增长,引起病害的流行。

引起酸腐病的真菌是酵母菌。空气中酵母菌普遍存在,并且它的存在被看作对环境非常有益,起重要作用。因此,发生酸腐病的病原之一的酵母菌的来源不是问题。

引起酸腐病的另一病原菌是醋酸菌。酵母把糖转化为乙醇,醋酸细菌把乙醇氧化为乙酸;乙酸的气味引诱醋蝇,醋蝇、蛆在取食过程中接触细菌,在醋蝇和蛆的体内和体外都有细菌存在,从而成为传播病原细菌的罪魁祸首。

醋蝇是酸腐病的传病介体。传播途径包括外部(表皮)传播,即爬行、产卵过程中传播病菌;内部传播,病菌经过肠道后照样能成活,使醋蝇具有很强的传播病害的能力。

品种的混合栽植,尤其是不同成熟期的品种混合种植,能增加酸腐病的发生。据笔者观测和分析,酸腐病是成熟期病害,早熟品种的成熟和发病,为晚熟品种增加醋蝇基数和提高两种病原菌的菌势,从而导致晚熟品种酸腐病的大发生。

【症状特点】酸腐病实际上是一种二次侵染造成的病害,即先由各种原因造成果实形成伤口,然后由醋蝇滋生带入醋酸菌和其他细菌,形成果粒腐烂,最后残留果粒干枯只剩下果皮和种子。

品种间的发病差异比较大,说明品种对病害的抗性有明显的差异。巨峰受害最为严重,其次为里扎马特、酿酒葡萄(如赤霞株),无核白(新疆)、马奶子等发生比较严重,红地球、龙眼、粉红亚都蜜等较抗病。不管品种如何,为害严重的果园,损失在30%～80%,甚至全军覆没。

【防治方法】

(1)尽量避免在同一果园种植不同成熟期的品种;增加果园的通透性(合理密植、合理叶幕系数等);葡萄的成熟期不能(或尽量避免)灌溉;合理施用或不要施用激素类药物,避免果皮伤害和裂果;避免果穗过紧(施用果穗拉长技术);合理施用肥料,尤其避免过量施用氮肥等。

(2)成熟期的药剂防治是防治酸腐病的最为重要途径。80%必备和杀虫剂配合施用,是目前酸腐病的化学防治的唯一办法。自封穗期开始施用3次必备,10～15天1次,80%必备施用800倍液。杀虫剂应选择低毒、低残留、分解快的,这种杀虫剂要能与必备混合施用,并且1种杀虫剂只能施用1次。可以施用的杀虫剂有10%歼灭乳油(3000倍液)、40%辛硫磷(1000倍液)、80%或90%敌百虫1000倍液等。

(3)发现酸腐病要立即进行紧急处理,剪除病果粒,用80%必备 800 倍液＋10％歼灭 3000 倍液＋50％灭蝇胺水可溶性粉剂 2500 倍液涮病果穗。对于套袋葡萄,处理果穗后套新袋,而后,整体果园立即喷 1 次触杀性杀虫剂。即使这样,也很难保证酸腐病不再发展。发现烂穗或果粒有伤口后,最好是先用 80％敌敌畏 500 倍液喷葡萄行间的地面,待醋蝇完全死掉后,马上剪除烂穗或有伤口的穗,用塑料袋或桶接着,收集后带出田外,越远越好,挖坑深埋。剪烂穗要及时并且彻底。

10. 葡萄房枯病

葡萄房枯病(彩图 13)又称穗枯病、轴枯病和粒枯病,该病在我国葡萄产区,每年均有不同程度发生,一般为害不太严重。

【发病规律】葡萄房枯病是由葡萄囊孢壳菌寄生引起的,病菌属子囊菌亚门。病菌以分生孢子器和子囊壳在病果和病叶上越冬,第二年 3～7 月放射出分生孢子和子囊孢子。分生孢子靠风雨传播到寄主上,即为病菌初次侵染的来源。该病本身生长发育要求温度较高,但病菌入侵寄主要求温度较低。该病在欧亚种葡萄上易发生,美洲种葡萄上发病较轻。在果园潮湿、管理不善、树势衰弱的条件下发病较重。

【症状特点】该病主要为害果粒、果梗及穗轴,严重时也为害叶片。果实受害,先在果梗上出现不规则的浅褐色病斑。病斑逐渐扩大,颜色变深,并能蔓延到穗轴上。当病斑绕果梗、穗轴一周时,前部果粒或果穗失水干枯,果粒皱缩,上部变成紫黑色的僵果,以后病斑表面产生稀疏的小黑点,即病原菌的分生孢子器,病果挂在树上不易脱落,这是与炭疽病、白腐病的明显区别。叶片发病时,最初出现红褐色圆形小斑点,逐渐扩大后边缘为褐色,中部为灰白色,并在中部散生小黑点。

【防治方法】

(1)在秋季采收前和落叶后,随时收集病果、病叶等病残体集中烧毁或深埋。

(2)夏剪及时回缩副梢,疏剪病叶、老叶,调整叶幕层,使果园通风透光;合理留果,保持树体生长健壮。

(3)发病重的果园,发病前向地面撒布杀菌剂,如福美双∶硫黄粉∶碳酸钙=1∶1∶2,每亩施药1～2千克。花后喷1∶0.5∶200波尔多液,兼治霜霉病、白腐病,发病初期喷1次,以后每隔7～10天喷1次,共喷3～5次。常用药有50%退菌特800～1000倍液,或50%甲基托布津600～800倍液,或50%福美双600～800倍液,或50%多菌灵800～1000倍液,或75%百菌清600～800倍液等药剂,要交替使用。

11. 葡萄穗轴褐枯病

穗轴褐枯病(彩图14)是葡萄穗轴和果梗上发生的一种病害,尤以巨峰品种受害最重。

【发病规律】穗轴褐枯病主要为害葡萄果穗的幼嫩穗轴组织,幼果颗粒也可受害,常造成大量落花落果,一般减产10%～30%,严重时减产40%以上。当颗粒长到黄豆粒大小时,病害停止侵染为害。它属真菌病害,病原菌在葡萄植株表皮和土壤中越冬,春季开花前后如遇低温多雨天气,穗轴组织持续幼嫩时间长,则发病较重。

【症状特点】发病初期,幼果穗的各级穗轴上产生褐色水侵状小斑点,病斑迅速扩展,形成条状坏死斑,继续扩展造成整个穗轴变褐枯死,严重时幼果全部脱落。幼果粒受害,形成深褐色至黑褐色圆形小斑点,病变仅限于颗粒表面,随果粒不断膨大,呈疮痂脱落,对果实发育无明显影响。

【防治方法】

(1)结合冬剪,彻底清园,集中烧毁。

(2)加强栽培管理,注意夏剪,防止架面郁闭;及时排水,降低空气湿度。

（3）在早春萌芽前喷 1 次 3～5 波美度石硫合剂，花前、花后各喷 1 次杀菌剂，如 50％多菌灵 800 倍液，或 50％扑海因 1000～1500 倍液，或 80％喷克 1000 倍液混加 80％乙磷酸铝 600 倍液，或 78％科博 600 倍液，交替喷药效果更好。

12. 葡萄锈病

葡萄锈病（彩图 15）也是一种真菌性病害，在我国北方葡萄产区多零星发生，一般为害不重。在夏季高温多湿的南方地区，是常见的葡萄病害之一。

【发病规律】此病主要以冬孢子、夏孢子借风雨传播，以冬孢子在落叶上过冬。此病在北方多在秋季发生，8～9 月为发病盛期。在长江以南地区，于 6 月下旬先为害近地面的葡萄叶片。7 月中下旬梅雨结束后，气候高温干燥，夏孢子靠风传播，落在叶片上后，7 天内便出现病斑，病情转剧。8～9 月继续侵染，流行很快。病叶黑褐色枯死，造成早期落叶。

【症状特点】此病主要为害叶片，叶片被害处叶正面出现黄绿色病斑，叶背面则发生橙黄色夏孢子堆，呈黄色粉末状，后期在病斑处产生黑褐色多角形斑点即孢子堆。病斑在叶脉附近及叶缘处较多。

【防治方法】

（1）晚秋彻底清除落叶，集中深埋。生长季节及时摘除病叶深埋。

（2）北方初发生季节可喷粉锈宁 800～1000 倍液、50％多菌灵、65％代森锌 600 倍液、75％甲基托布津或百菌清 800 倍液，7～9 月连续 2～3 次可以控制为害。长江以南地区，从 6 月上中旬起，结合防治黑痘病，喷洒 1∶1∶200 倍波尔多液 2～3 次；发病时喷 20％粉锈宁 3000 倍液或 70％甲基托布津 1000 倍液 2～3 次。

二、葡萄主要病毒病

1. 葡萄扇叶病

葡萄扇叶病(彩图 16)在世界葡萄产区均有分布,在我国普遍发生,是影响我国葡萄生产的主要病害之一。

【症状特点】病毒的不同株系引起寄主产生不同的反应,有以下 3 种特征:

(1)传染性变形,或称扇叶:由变形病毒株系引起。植株矮化或生长衰弱,叶片变形,严重扭曲,叶形不对称,呈环状,皱缩,叶缘锯齿尖锐。叶片变形,有时伴随着斑驳。新梢也变形,表现为不正常分枝、双芽、节间长短不等或极短、带化或弯曲等。果穗少,穗型小,成熟期不整齐,果粒小,坐果不良。叶片在早春即表现症状,并持续到生长季节结束。夏天症状稍退。

(2)黄化:由产生色素的病毒株系引起。病株在早春呈现铬黄色褪色,病毒侵染植株全部生长部分,包括叶片、新梢、卷须、花序等。叶片色泽改变,出现一些散生的斑点、坏斑、条斑到各种斑驳。斑驳跨过叶脉或限于叶脉,严重时全叶黄化。在郑州,于 5 月份可见到全株黄化的状况。春天远看葡萄园,可见到点点黄化的病株。叶片和枝梢变形不明显,果穗和果粒多较正常小。在炎热的夏天,刚生长的幼嫩部分保持正常的绿色,而在老的黄色病部,却变成稍带白色或趋向于褪色。

(3)镶脉或称脉带:是另一种症状,传统说法认为是产生色素的病毒株系引起。可能有不同的病因学。

【发病规律】葡萄扇叶病毒属线虫传多角体病毒组,机械传染。扇叶病毒极易进行汁液接种,病毒可侵染胚乳,但不能侵染胚,故葡萄种子不能传播,病毒的自然寄主只限于葡萄属。在同一葡萄园内或邻近葡萄园之间的病毒传播,主要以线虫为媒介。有两种剑线虫可传毒,即标准剑线虫和意大利剑线虫,尤以标准剑线虫为主,这种线虫的自然寄主较少,只有无花果、桑树和月季花,而这些寄主对扇叶病毒都是免疫的,不表现症状,扇叶端病毒存留于自生自长的植物体和活的残根上,这些病毒,构成重要的侵染源。长距离的传播,主要是通过感染插条、砧木的转运所造成的。

【防治方法】

(1)栽前用杀线虫剂杀灭土壤线虫。

(2)通过生物工程技术,可以用组培法培养无毒苗,栽种不带毒的良种苗。

(3)葡萄园病株率不高时可以及时刨除发病株并对病株根际土壤使用杀线虫剂杀死传毒线虫。

(4)及时防治各种害虫,尤其是可能传毒的昆虫,如叶蝉、蚜虫等,减少传播机会。

2. 葡萄卷叶病

葡萄卷叶病(彩图17)广泛分布于世界各葡萄产区,是一种世界性的重要葡萄病毒病。近年来我国北方部分葡萄产区,也普遍发生,为害严重。

【发病规律】葡萄卷叶病可能是由复杂的病毒群侵染引起,其成员大多属黄化病毒组。目前,全球至少已检测出5种类型的黄化病毒组成员,定名为葡萄卷叶相关黄化病毒组Ⅰ型、Ⅱ型、Ⅲ型、Ⅳ型和Ⅴ型。葡萄卷叶病在果园内传播的报道很少,总的印象是本病扩散较慢。在昆虫媒介方面,有试验证明卷叶病与粉蚧的存在有关。有3种粉蚧(长尾粉蚧、无花果粉蚧和橘粉蚧)可以传播葡萄病毒A,长尾粉蚧还传播葡萄卷叶病毒Ⅲ型。卷叶病毒可通过感染的品种插条作长距离传播,特别是美洲葡萄砧木潜隐带毒。

【症状特点】葡萄卷叶病的症状依环境条件和一年中不同时间而变化。春季，病株症状不明显，但一般较健株小，出叶晚。8月份出现症状，特征是先从基部叶片开始，叶缘向下反卷，并逐渐向其他叶子扩展。反卷后的叶片变厚变脆，叶脉间出现坏死斑或叶片干枯，叶片在秋季正常变红时间之前就开始变成淡红色。随着秋季深入，病叶变成暗红色，仅叶脉仍为绿色。病株光合作用降低，果穗变小，果粒颜色变浅，含糖量降低，成熟晚，植株萎缩，根系发育不良，抗逆性减弱，冻害发生严重。

【防治方法】

(1)新建葡萄园时，应远离老葡萄园，并栽植无病毒苗木。对已有果园，可采用即时拔除病株和药剂控制粉蚧类传毒介体等方法，以防止该病蔓延。

(2)防治所用药剂为山东有害生物研究所研制、江苏苏科试验农药厂生产的36%植毒I号粉剂。

①灌根：时间在葡萄出土后，在距离根系20厘米处沿树体两侧开沟，沟深20厘米，然后将配制好的500倍药液灌于沟内，渗透后埋土。

②喷洒：共喷洒2次。第1次时间为4月中旬葡萄芽眼开始萌动，第2次为4月下旬芽萌动达90%以上，喷洒浓度500倍液。喷时喷头要用细喷片，距离葡萄枝条20～30厘米，仔细、均匀地喷透，不要漏掉一个芽眼。

用灌根＋喷洒两次的方法进行防治，矫治率近100%，只喷洒两次而不灌根矫治率为97%，但灌根成本偏高，在生产中可根据具体情况取舍。

3. 葡萄茎痘病

葡萄茎痘病(彩图18)在世界各葡萄产区都有发生，我国辽宁、山东、河南、陕西、山西和北京等地也有发生。

【发病规律】世界上多数国家研究认为葡萄茎痘病是由多种病毒复合侵染所引起的病毒病。目前已证实通过嫁接可传病,至于汁液是否传病还有待明确,在田间,茎痘病主要借带病插条、接穗或砧木进行传播。

【症状特点】葡萄染茎痘病后长势差,病株矮,春季萌动推迟月余,表现严重衰退,产量锐减,不能结实或死亡。主要特征是砧木和接穗愈合处茎膨大,接穗常比砧木粗,皮粗糙或增厚,剥开皮,可见皮反面有纵向的钉状物或突起纹,在对应的木质部表面现凹陷的孔或槽。

【防治方法】

(1)建立无病母园,繁殖无病母本树,生产无病无性繁殖材料。

(2)对已染病的葡萄园,如发现病株,应即时拔除。在拔除病株时,应将所有根系清除,并用草甘膦等除草剂处理,防止根蘖的产生。

4. 葡萄栓皮病

葡萄栓皮病(彩图 19)在世界葡萄产区分布较广,在大多数欧洲葡萄品种和美洲种砧木上表现潜隐,嫁接在山葡萄、贝达葡萄砧木上,症状明显。

【发病规律】本病属于黄化病毒组织的葡萄病毒 A,病害主要通过带毒的繁殖材料自然传播,粉可传播栓皮。

【症状特点】多数品种病株只表现生长衰退,而没有栓皮病的特有症状。主要表现为春季发芽晚,在生长早期,每个蔓上会出现1 或多个死果枝,蔓柔软下垂,基部的树皮开裂。生长季后期,蔓呈淡蓝紫色,而在已木质化的蔓上可散生未木质化的绿色斑块。早春病叶小而呈淡白色,生长季后期叶缘下卷,红色品种叶片的叶肉和叶脉全变红色,比健株或卷叶病株晚落叶 3~4 周。在佳利酿的病株只表现叶片褪色,即早春呈淡黄色,夏季仍不消失。

【防治方法】选用无病毒母株进行无性繁殖,可以收到很好的防治效果。

5. 葡萄黄斑病

葡萄黄斑病(彩图 20)遍布全世界。我国辽宁、山东、河北的白玉霓、佳利酿等葡萄品种均有发现。

【症状特点】受葡萄黄斑病侵染的植株,多数在初夏时开始表现症状,到夏末则更为严重。其症状主要表现在叶部,其形状因品种、树龄和环境条件的不同而有差异。大致分为以下 4 种类型:

(1)黄点型:病叶上出现数个针尖大小到 1 毫米左右的形状不规则斑点,初期为淡黄绿色,后变为铬黄色。斑点多集中在叶缘附近或分散到全叶面上。每个新梢上的叶片,发病多少不等,一般有 2～20 片叶子发病,直接影响光合作用。

(2)黄斑型:在发病的叶片上,出现 1～2 个不规则的黄色斑块,直径为 3～5 毫米。

(3)黄环型:在病叶上产生数个黄色单线环纹,环的直径为1～2毫米。黄环斑纹常与黄色斑点在一片叶上混合产生。

(4)黄色斑驳型:整个病叶上布满点状和不规则状的黄色斑纹,多分布在叶片主脉和侧脉附近。

【发病规律】葡萄黄斑病的病原为葡萄黄斑类病毒,主要通过带毒的种条、接穗和砧木传播,黄斑病的发生与葡萄品种、树龄及环境条件相关。有人报道萨尔塔那品种,在二年生或三年生幼树时症状明显,而到成龄时其症状则不明显。赤霞珠等品种,在意大利维多利亚北部栽培时,发生此病的症状较明显,而在美国加利福尼亚则不表现此病症状。

【防治方法】

(1)栽培无病毒苗木可防止葡萄黄斑病发生。

(2)防止交叉感染。由于类病毒可通过修剪工具传播,故应在修剪完每一棵树后,用1‰次氯酸钠溶液浸洗、消毒。

三、葡萄主要虫害及其防治

1. 金龟子

金龟子(彩图21)种类很多,如铜绿金龟子、黑金龟子、暗黑金龟子、茶色金龟子等,为害期从萌芽一直到成熟,为害时期长、为害程度大,是葡萄园中一类十分重要的害虫种类。

【形态特征】

(1)铜绿金龟子:成虫体长18～21毫米,宽8～10毫米。背面铜绿色,有光泽,前胸背板两侧为黄色。鞘翅有栗色反光,并有3条纵纹突起。雄虫腹面深棕褐色,雌虫腹面为淡黄褐色。卵为圆形,乳白色。幼虫称蛴螬、地蚕,乳白色,体肥,并向腹面弯成"C"形,有胸足3对,头部为褐色。

(2)黑金龟子:成虫体长20～25毫米,宽8～11毫米。黑褐色,有光泽,鞘翅黑褐色,两鞘翅会合处呈纵线隆起,每一鞘翅上有3条纵隆起线。雄虫末节腹面中部凹陷,前方有一较深的横沟;雌虫则中部隆起,横沟不明显。

(3)暗黑金龟子:成虫体长18～22毫米,宽8～9毫米,暗黑褐色无光泽。鞘翅上有3条纵隆起线。翅上及腹部有短小蓝灰绒毛,鞘翅上有4条不明显的纵线。

(4)茶色金龟子:成虫体长10毫米左右,宽4～5毫米。茶褐色,密生黄褐色短毛。鞘翅上有4条不明显的纵线。

【发病规律】大部分金龟子一年发生一代,但越冬虫态和盛发及为害时期随金龟子种类的不同而有所不同。成虫有较强的趋光性。

【症状特点】前期主要为害芽、叶片和花序,后期主要是铜绿金龟子和白星金龟子等为害果实,在成熟期钻食果粒,造成果实损失很大。大部分金龟子多以老熟幼虫在土壤中越冬,也是为害葡萄根系的重要地下害虫。

【防治方法】

(1)葡萄园深翻晒土,消灭越冬幼虫,或每公顷果园用 5%辛硫磷 30 千克施于土中,灭杀幼虫。

(2)成虫发生期,用糖醋液加入 0.5%的敌百虫,诱杀成虫,或早晨人工震动枝蔓,捕杀成虫。

(3)成虫初发期,喷布 90%敌百虫 1000 倍药液或 25%水胺硫磷等药物毒杀成虫。

(4)进行果穗套袋,能有效防止金龟子为害。

(5)利用昆虫忌避特性,将捕捉的金龟子成虫,捣碎装入瓶中发酵,发酵液稀释 100 倍过滤后喷布在果穗附近,可有效防止金龟子侵害果穗。

2. 葡萄斑叶蝉

斑叶蝉(彩图 22)又名葡萄二星叶蝉,是葡萄上一种常见的害虫,在西北、华北干旱和夏季酷热地区发生尤为严重。

【形态特征】成虫甚少,体长 3.5 毫米左右。全身淡黄色,在胸部小盾板上有两个小黑点。卵黄白色,肾形,长约 0.5 毫米。若虫刚孵化时为白色,长约 0.6 毫米,渐长大则为黄色。

【发病规律】一年发生两代,以成虫在葡萄园附近的石缝、杂草中越冬。翌年 4 月开始为害梨桃叶,5 月间随葡萄展叶转移到葡萄植株上并产卵。6 月上旬孵化成幼虫,下旬变为成虫,到叶背产卵,7 月中旬开始孵化变为成虫,此时虫口增多,为害也最严重。

【症状特点】被害叶片先出现失绿的小白点,以后随之为害加重,白点互相连成为白斑,严重时叶片苍白早落,影响产量、质量和花芽分化。此虫在管理粗放、通风不良、杂草丛生的葡萄园内发生较重。

【防治方法】

(1)秋后清除园内的落叶及杂草烧毁;生长季节,加强夏季修剪,枝叶分布合理,通风透光,减少虫量。

(2)在春季成虫出蛰尚未产卵和 5 月中下旬第一代若虫发生期进行喷药防治。常用的药剂品种有 50% 敌敌畏乳剂 2000 倍液、50% 乐果乳剂 1500 倍液、25% 辛硫磷乳剂 3000 倍液等。据实验,30% 乙酸甲胺磷(高灭磷)乳油 500～600 倍药液可有效地杀灭成虫、若虫和卵,且对人畜较为安全。

3. 葡萄缺节瘿螨

葡萄缺节瘿螨(彩图 23)又称锈壁虱、毛毡病,属节肢动物门,蛛形纲,蝉螨目,叶瘿螨科,在全国葡萄产区多有分布。

【形态特征】雌螨体长 0.1～0.3 毫米,宽 0.05 毫米,圆锥形,黄白色。近头部有 2 对软足,背板有网状花纹。尾部两侧各有 1 根细长刚毛。雄虫略小。卵椭圆形,长 30 微米,淡黄色,近透明。

【发病规律】以成螨潜藏在枝条芽鳞内越冬,春季随芽的开放,成螨爬出并侵入新芽为害,并不断繁殖扩散。近距离传播主要靠爬行和风、雨、昆虫携带,远距离主要随着苗木和接穗的调运而传播。

【症状特点】成、若螨在叶背刺吸汁液,初期被害处呈现不规则的失绿斑块。在叶表面形成斑块状隆起,叶背面产生灰白色茸毛。后期斑块逐渐变成褐色,被害叶皱缩变硬、枯焦。严重时也能为害嫩梢、嫩果、卷须和花梗等,使枝蔓生长衰弱,产量降低。在高温干旱的气候条件下发生更为严重。

【防治方法】

(1)葡萄发芽前、芽膨大时,喷 3～5 波美度石硫合剂,杀灭潜

伏在芽鳞内越冬成螨,即可基本控制为害;严重时发芽后还可再喷
1 次 40%乐果乳剂 1000 倍液。

(2)葡萄生长初期,发现被害叶片立即摘除烧毁,以免继续
蔓延。

(3)对螨害发生区内可能带螨的苗木、插条等向外地调运时,
可采用温汤消毒杀螨,即把插条或苗木的地上部分先用 30~40℃
热水浸泡 3~5 分钟,再移入 50℃热水中浸泡 5~7 分钟,即可杀
死潜伏的成螨。

4. 葡萄透羽蛾

葡萄透羽蛾(彩图 24)现已成为为害葡萄的一种重要害虫,其
隐蔽性强,为害严重,是令果农最头疼的害虫之一。

【形态特征】成虫为中型蛾,形似蜂,体长 20 毫米左右,翅展
30~34 毫米,虫体黑色,腹部有 3 条黄色横带,前翅红褐色,后翅
透明,雄成虫腹部末端有长丛毛一束。卵赤褐色,长椭圆形。幼虫
初期为乳黄色,老熟后为淡黄色,体长 38 毫米左右,头部红褐色,
前胸背板有倒八字纹形,上颚无齿。蛹长 18 毫米,红褐色。

【发病规律】一年发生 1 代,以幼虫在葡萄枝蔓中越冬。春季
葡萄萌芽时,越冬幼虫开始活动,在枝蔓内继续蛀食为害,3 月底
4 月上旬开始化蛹。4 月底 5 月初羽化,成虫白天隐蔽、夜间活动,
并有趋光性。卵产于新梢叶腋芽眼处。孵化后的幼虫由新梢叶柄
基部蛀入嫩茎内,为害髓部,虫粪排出,堆积于蛀孔附近。被害部
位以上枝条常干枯死亡。6~7 月低龄幼虫主要为害当年生的嫩
蔓;8~9 月大龄幼虫主要为害二年生以上的老蔓,此期幼虫食量
大,为害最严重;10 月老熟幼虫逐渐进入冬眠。

【症状特点】幼虫以为害新梢最烈,也为害幼嫩叶柄、卷须、花
穗梗及老蔓等。被害部的器官呈萎垂状,新梢被害处节间膨大,并
有湿润粪便排出虫孔,随着为害新梢逐渐枯萎而干死。为害老蔓

时,膨大不明显,只有虫粪排出,被害枝蔓极易被风折断。

【防治方法】

(1)生长季节结合夏剪,及时剪除被害枝蔓;冬剪时注意剪除节间紫褐色的受害枝条,并集中烧毁。

(2)在开花后4～6天幼虫孵化产卵期,每10天喷1次药,常用药有20％氰戊菊酯3000倍液,或25％灭幼脲悬浮剂2000倍液,或80％敌百虫可湿性粉剂800～1000倍液,或辛硫磷50％乳剂1000～1500倍液,均有较好效果。并兼治介壳虫、蓟马、叶蝉、飞虱等害虫。

5. 斑衣蜡蝉

葡萄斑衣蜡蝉(彩图25),主要在山东、陕西、河南、河北、山西、江苏、浙江、安徽、四川等省发生为害。

【形态特征】雌成虫体长18～22毫米。翅展50～52毫米,体上附有白蜡粉,头顶向上翘起,呈短尖角状,触角3节,基部膨大。前翅基部2/3为淡灰黄色,上面有20多个黑点,端部1/3为黑色,脉纹灰黄色,后翅基部为红色,上面散生小黑点,中部白色,翅端黑色。雄虫略小。卵长约3毫米,宽1.5毫米,短柱形,背面两侧有凹入线,使中部形成一长条隆起,隆起前半部有长形盖。卵粒排列成行,数行成块,上覆灰白色蜡质分泌物。若虫1～3龄时体黑色有白色小点,4龄后体红色有黑色小点,有小翅芽,体形与成虫相似。但略小些。

【发病规律】每年发生1代,以卵块在葡萄枝蔓及支架上越冬。越冬卵一般于4月中旬开始孵化,若虫期约60天,6月中下旬出现成虫,8月中下旬交尾产卵。成虫寿命长达4个月,10月下旬逐渐死亡。成、若虫都有群集性,常在嫩叶背面为害,弹跳力强,受惊即跳跃逃避。成虫飞翔力不强,每次迁移仅1～2米。成虫交尾在夜间进行,卵多产于枝蔓和架杆的阴面。

【症状特点】葡萄斑衣蜡蝉以成虫和若虫吸食葡萄茎叶汁液。被害叶片开始在叶面上出现针眼大小的黄色斑点,不久变成黑褐色、多角形坏死斑,后穿孔,多个孔洞连在一起成破裂叶片,有时被害叶向背面弯曲。该虫的排泄物似蜜露,常招致蜂蝇和霉菌寄生。霉菌寄生后,枝条变为黑褐色,树皮枯裂,严重时能使树体死亡。

【防治方法】

(1)结合冬季修剪、清园,在枝蔓及架桩上搜索卵块压碎杀灭。

(2)若虫和成虫期可喷布 50％敌敌畏乳剂 1000 倍液、40％乐果 1000 倍液或 5％溴氰菊酯 3000 倍液。

(3)人工捕捉若虫。利用若虫有假死性的特点,进行人工捕捉。

6. 东方盔蚧

东方盔蚧(彩图 26)近年来大量发生,造成葡萄品质下降、枝条枯死、树势衰弱,给葡萄生产造成了很大的损失。

【形态特征】雌成虫体长 3.5～6 毫米。扁椭圆形,黄褐色至褐色。体背中央有 5 条纵向隆脊,体背边缘有放射状隆起线。雄成虫体长 1.2～1.5 毫米,翅展 3～3.5 毫米,红褐色。头红黑色,翅土黄色。腹部末端有 2 条很长的白色蜡丝。卵长 0.2～0.25 毫米,长椭圆形,半透明,初产时乳白色,后变淡黄色,孵化前变粉红色,卵面覆有蜡质白粉。若虫初孵化时半透明,淡黄色。眼红褐色,触角、足发达,有尾毛 1 对。若虫不久后变黄褐色。越冬若虫褐色,体外有一层极薄的蜡层。雄蛹体长 1.2～1.7 毫米,暗红色。

【发病规律】东方盔蚧以老虫在枝蔓裂缝、叶痕及老树皮下越冬,春季萌芽时爬到枝条上为害。华北地区一年可发生 2～3 代,每年 10 月份后若虫钻入树皮越冬。

【症状特点】以若虫和成虫为害枝、叶与果实,虫体所排出的黏液常黏附在叶面、枝条表面和果面上,最后形成黑色烟煤状污染,严重影响果实外观,受害枝条衰弱甚至枯死。

【防治方法】

(1)冬季修剪时或出土上架时刮除老皮烧毁,并在树体上全面喷布一次 5 波美度石硫合剂,消灭越冬虫源。

(2)对定植的苗木和插条用 800 倍杀螟松药液严格进行消毒,杜绝外部虫源。生长期抓住 4 月上中旬虫体膨大期和 6~8 月虫卵孵化期两个关键时期,喷布 50％敌敌畏 1500 倍液或 40％乐果乳油 1000 倍液或 50％杀螟松乳油 1000 倍液等杀灭东方盔蚧的卵和若虫。

7. 葡萄十星叶甲

葡萄十星叶甲(彩图 27)又称葡萄金花虫,分布较广泛,北至辽宁南至广东、福建,都有此虫为害。

【形态特征】成虫体长 12~13 毫米,宽 8~9 毫米,椭圆形,黄色。头小,大半缩入前胸下。翅鞘上各有 5 个近圆形黑斑,两翅共10 个,故称十星叶甲。卵椭圆形,长约 1 毫米,初为黄绿色,后渐变为黄褐色,相聚成块。老熟幼虫体长 12~15 毫米,体扁平,长椭圆形,土黄色,胸部背面有 2 行褐色突起,每行 4 个。腹部除尾节外各节两侧均有 3 个肉质突起,顶端黑褐色。胸足 3 对,腹部无足。

【发病规律】华北每年发生 1 代,南方每年 2 代,部分地区1 代。以卵在枯枝落叶下或土中越冬,春季葡萄发芽后,幼虫沿葡萄茎蔓先爬至基部叶片上群集为害,至 3 龄时才逐渐分散到上部叶片为害。6 月下旬幼虫老熟,入土深约 3 厘米化蛹,蛹期约 10天。7 月中下旬成虫羽化,并取食叶片,9 月陆续产卵越冬。

成虫羽化出土多在每天上午 6~10 时,数日后即开始取食,喜在叶背和隐蔽处的茎叶上停息,受惊时能分泌黄色有恶臭的液体,并立即假死下坠。成虫羽化后 1 周开始交尾,再经 8~9 天后产卵,卵聚集成块,多产在距主干 30 厘米范围内的土面上。每头雌虫可产卵 700~1000 粒。成虫寿命较长,可存活 2~3 个月。幼虫取食多在清晨和傍晚,一般在叶面上为害,成虫怕强光,常在隐蔽处活动。

【症状特点】成虫和幼虫都取食葡萄幼芽和叶片,大量发生时能使全部叶片被啃食,仅残留叶脉,对产量影响极大。

【防治方法】

(1)冬季彻底清园,清除根际附近的落叶和杂草,集中烧毁,杀灭越冬虫卵;6 月份化蛹期及时中耕杀灭虫蛹。

(2)利用成虫和幼虫的假死性,振动茎叶,下方放置盛有草木灰的容器,收集起来集中杀灭。在幼虫聚集于下部叶片为害时,摘除虫叶,烧毁处理。

(3)在发生盛期可喷 20%异丙威(叶蝉散)乳油 800~1000 倍液,或 2.5%溴氰菊酯乳油 2000 倍液,或 50%杀螟松乳剂 1000~2000 倍液,或 50%敌敌畏乳剂 2000 倍液,或 50%敌百虫乳剂 1000 倍液。

8. 绿盲蝽

绿盲蝽(彩图 28)是春季最早为害葡萄叶片的主要害虫。

【形态特征】成虫体长 5 毫米,宽 2.2 毫米,绿色,密被短毛。头部三角形,黄绿色,复眼黑色突出。前胸背板深绿色,布许多小黑点,前缘宽。小盾片三角形微突,黄绿色,中央具 1 条浅纵纹。前翅膜片半透明暗灰色,余绿色。足黄绿色,肠节末端颜色较深,后足腿节末端具褐色环斑,雌虫后足腿节较雄虫短,不超腹部末端,跗节 3 节,末端黑色。卵长 1 毫米,黄绿色,长口袋形,卵盖奶黄色,中央凹陷,两端突起。若虫 5 龄,与成虫相似。初孵时绿色,复眼桃红色。2 龄黄褐色,3 龄出现翅芽,4 龄超过第 1 腹节,2、3、4 龄触角端和足端黑褐色,5 龄后全体鲜绿色,密被黑细毛;触角淡黄色,端部色渐深。眼灰色。

【发病规律】华北地区一年可发生 4～5 代,以卵在葡萄老皮下或附近果树、蔬菜枝叶上越冬,第二年春孵化后若虫、成虫首先为害发芽的葡萄嫩叶和花序,5 月中下旬后开始迁移其他果树和农作物上,10 月上中旬成虫产卵越冬。绿盲蝽虫体较小,而且主要在早晚为害,因此虫体不易被人所发现,受害叶常被误认为是机械创伤。近年来绿盲蝽的为害有逐年加重的趋势。

【症状特点】成虫、若虫刺吸幼叶和花序,幼叶受害后被害处形成针头大小的淡褐色坏死点,随着叶片长大,将坏死点周围噬成不规则形状的孔洞,叶面皱缩不平,花序受害后,花蕾、花梗干枯脱落。

【防治方法】

(1)经常做好清园工作,萌芽前除去树干上的老皮,并集中烧毁,生长季和落叶后要做好清除杂草工作,消灭越冬虫源。

(2)在绿盲蝽发生较重的地区萌芽后和初发生时及时喷药防治,常用药物有 50% 敌敌畏乳剂 2500 倍液、50% 杀螟松 1000 倍液或 20% 氰戊菊酯 2000 倍液。

(3)在做好葡萄园防治的同时也要抓好邻近农作物上虫害的防治,防止互相转移为害。

9. 葡萄蓟马

葡萄蓟马(彩图 29)又称烟蓟马、葱蓟马,是一种刚被人们重视的葡萄害虫。

【形态特征】蓟马是一种很小的昆虫,用肉眼仔细观察才能见到,往往容易被人们所忽视。雌成虫体长 0.8～1.5 毫米,淡黄色至深褐色。两对翅狭长,透明,边缘有很多长而整齐的缨状缘毛,翅脉退化,只有两条纵脉。蓟马能飞,但不常飞,能跑能跳跃。足的末端有泡状垫,爪退化。头略向后倾斜,口器圆锥形,为不对称的挫吸式口器,能挫破植物的表皮,吸其汁液。有 1 对紫红色略凸的复眼和 3 个褐色的单眼。触角 6～9 节,略呈珍珠状,触角节上有不同形状的感觉器官,可作为品种的鉴别特征。雌虫的锯状产卵管插入植物组织内产卵,单粒散产,卵圆形,乳白色。雄虫无翅。若虫淡黄色,与成虫相似,无翅。

【发病规律】蓟马在华北地区一年发生 3～4 代,以成虫在葡萄园内间作的葱、蒜叶鞘或葡萄老皮下越冬,春季葱蒜返青时开始活动,葡萄萌芽、坐果后转移到葡萄上进行为害。成虫很小,早晚活动,扩散传播很快,10 月下旬成虫开始越冬。

【症状特点】葡萄蓟马主要是若虫和成虫以挫吸式口器挫吸幼果、嫩叶和新梢表皮细胞的汁液。幼果被害当时不变色,第二天被害部位失水干缩,形成小黑斑,后随果粒增大而扩大,呈现不同形状木质化褐色锈斑,影响果粒外观,降低商品价值,严重的会引起裂果。叶片受害,因叶绿素被破坏,先出现退绿的黄斑,后叶片变小,卷曲畸形,甚至干枯,有时还出现穿孔。被害的新梢生长受到抑制。

【防治方法】

(1)认真清园,尤其在间作有葱、蒜及棉花等农作物的情况下,越冬时要彻底清除行间和葡萄园附近的残株、残叶并及时销毁,减少越冬虫源。早春及时进行树干剥皮和清除田间杂草。

(2)生长期于开花前 1～2 天喷 20％杀灭菊酯乳油 2500～3000 倍液,或喷 50％辛硫磷乳油 1000～1500 倍液,或喷 50％杀螟松乳油 1000 倍液,或喷 80％敌百虫可湿性粉剂 800～1000 倍液,都有较好防治效果。

10. 葡萄虎天牛

葡萄虎天牛(彩图 30)在全国葡萄产区都有分布。

【形态特征】成虫体长 8～15 毫米,雌成虫略大,雄虫较小而长,虫体末端尖削、黑色,胸部略赤色。鞘翅有细密斑点,基部各有一半环形黄色斑纹,头部黑色,触角甚短,只长过前胸,后足胫节及第一附节特别长。越冬幼虫虫体很小,仅 7～13 毫米,乳白色,无足,头部黄白色。卵椭圆形、乳白色,略透明,长约 1 毫米,宽约 0.5 毫米。

【发病规律】葡萄虎天牛一年只发生一代,以初龄幼虫在被害枝内越冬,第二年 4 月下旬至 5 月上旬开始活动,6 月中下旬化蛹,8 月中下旬羽化,成虫外出交尾产卵,卵多散产于冬芽旁侧,卵期 5～6 天孵化,孵化后的幼虫由芽眼蛀入枝条木质部内。

【症状特点】以幼虫为害一年生结果母枝为主,多年生枝有时也受害。孵化幼虫于 8～9 月间,蛀食于新梢皮下,开始食量小,不易被人发现,至冬剪时,或来年萌芽后幼虫食量增大,被害状才明显。被害枝蔓成不规则蛀道,蛀道内填满蛀食过的粪屑,蛀道深达木质部 1～2 毫米,有时一个结果母枝有数条幼虫,分段蛀食,被害枝易折断。春季芽时不萌发,或萌发后不久枯死。

【防治方法】

(1)春、夏、秋时发现枝蔓节间变黑,及时剪除烧毁或深埋。

(2)成虫产卵期喷 50％辛硫磷乳油 1000～1500 倍液,或喷 80％敌百虫可湿性粉剂 800～1000 倍液,式喷 20 马杀灭菊酯乳油 2500～3000 倍液,防治效果较好。

11. 葡萄根瘤蚜

葡萄根瘤蚜(彩图 31)是葡萄上一种毁灭性的害虫,是国际和国内的主要检疫对象。

【形态特征】此虫在生活过程中可以分 4 种类型,在我国为害的主要是根瘤型。

(1)根瘤型:成虫卵形、无翅,黄褐色或黄色,体长仅 1 毫米,体背有黑色瘤状突起,卵长椭圆形,初浅黄色,后呈暗黄色。若虫初孵化为淡黄色,后为黄褐色,眼红色。

(2)叶瘿型:成虫体梨形,无翅,黄色至棕色,体背面不平,但无瘤状突起,体长 1.25 毫米,卵较根瘤型色深而有光泽,卵壳较薄,若虫孵化时和根瘤型相似,过 2 龄后体表无腺瘤。

(3)有翅型:成虫橙黄色,胸为深红褐色,有灰白透明软翅两对,不动时平盖在背。卵和根瘤型相似,分大小两种,大型卵长约 0.9 毫米,可孵出有性雌虫;小型卵长约 0.25 毫米,可孵出有性雄虫。若虫初孵化时和根瘤相似,脱一次皮后体形变狭长,体背上的黑色瘤状物突起明显;脱两次皮后长出黑褐色翅芽。

(4)有性型:体长椭圆形,黄褐色,无翅。由有翅型卵孵化产生,雌虫体长 0.45 毫米,雄虫体长 0.25 毫米,交配后,产深绿色的过冬卵。卵椭圆形。

【发病规律】葡萄根瘤蚜,以若虫在葡萄主根和侧根上越冬,第二年春季开始活动,不需要交配就产卵,每年繁殖 5～6 代(在烟台为 7～8 代),主要为害根系,使根长出瘤状物,初鲜黄色,以后变褐色而腐烂。

葡萄被根瘤蚜为害后,轻者叶子变黄,果实变小,植株发育不良,树势衰弱,产量、质量下降,严重时全株枯死。被害程度与品种、土壤、树龄及栽培技术有密切关系。一般沙壤土不适宜根瘤蚜的生育和活动。

【症状特点】以成虫、若虫刺吸葡萄根和叶的汁液,在新生须根端部形成菱角形、似米粒大小的根瘤,粗根被害则形成较大肿瘤。雨季肿瘤常发生腐烂。叶部受害后,在叶背形成许多粒状虫瘿,叶萎缩,影响光合作用。美洲品种及以其为砧木嫁接的品种,根部和叶部均易受害。而欧亚品种主要是根部受害,叶部很少或未见形成虫瘿。

【防治方法】

(1)购运苗木、插条和绿枝接穗时要严格检查和消毒处理。

（2）苗木处理

①热水消毒：将苗木放入 40℃ 热水中，浸 5～7 分钟后，立即浸入 54℃ 热水中，浸 7 分钟。

②药剂处理：将苗木放入 50% 辛硫磷 1500 倍液中浸 1 分钟后，取出晾干。

③消灭感染源：对已有根瘤蚜园，根除受害植株即时烧毁，并对土壤灌入 50% 抗蚜威 2000 倍液，或在病株周围挖 6 个注药孔，每孔灌二氯乙烷 150 毫升，然后盖上。

④在花前或采果后用辛硫磷处理土壤，每亩用药 250 克。以 50% 辛硫磷 0.5 千克均匀拌入 30 千克细土，傍晚将毒土埋入树根附近，灭虫效果较好，但对地下水有污染。

12. 葡萄虎蛾

葡萄虎蛾（彩图 32）又称虎斑夜蛾，在我国葡萄产区都有发生。

【形态特征】成虫体长 18～22 毫米，翅展 44～47 毫米，头、胸部及前翅紫褐色，腹部及足为杏黄色，体翅密生紫黑色鳞片。前翅中央有深褐色肾状纹和环状纹各 1 个；后翅橙黄色，外缘黑褐色，翅中有 1 黑点。腹部杏黄色，背面有一列紫棕色毛簇。卵圆形，直径 1 毫米，乳白色。老熟幼虫体长 332～42 毫米，头部橙黄色，有黑色斑点，胸部、腹部为黄色，各体节有不规则的黑褐色斑，体毛黄白色，腹部第八节隆起。蛹红褐色，体长 16～20 毫米，尾部齐，左右有突起。

【发病规律】每年发生两代，以蛹在葡萄根部附近土内越冬。第二年 5 月下旬开始羽化成虫。幼虫常群集为害嫩叶，形成缺刻和孔洞。7 月上中旬陆续老熟入土化蛹，7 月下旬至 8 月中旬出现第一代成虫。8 月中至 9 月中旬为第二代幼虫为害，9 月下旬以后幼虫老化，陆续入土化蛹越冬。成虫白天隐蔽在叶背或草丛内，晚上有趋光性。幼虫白天静伏在叶背,头尾抬起,受惊扰时头部摇摆,并吐黄绿色黏液。

【症状特点】幼虫主要为害葡萄叶片,使叶片出现缺刻和大小孔洞,该虫食量大,严重时能把嫩叶食光。有时还可咬断幼穗穗轴和果梗。

【防治方法】

(1)在幼虫入土越冬前,于架下铺设破旧木板引诱幼虫化蛹,结合清园,铲除越冬蛹,效果明显。

(2)在虫卵孵化期幼虫集中时喷布 25%灭幼脲胶悬剂 1500～2000 倍液,或速灭杀丁 20%乳油 2000 倍液,或 90%敌百虫 1000倍液,或灭扫利 20%乳油 3000 倍液,防治效果均好。

13. 葡萄红蜘蛛

葡萄红蜘蛛(彩图 33)在我国葡萄产区普遍发生。

【形态特征】雌成虫,体微小,肉眼不易辨认,体赤褐色,腹背中央呈鲜红色,体背中央略呈纵隆起,体后部末端上下扁平,背面体壁有网状花纹,无背刚毛,4 对足皆短粗多皱,刚毛数量少,各足胫节末端有一条特别长的刚毛。卵圆形,鲜红色,有光泽。幼虫体鲜红色,有足 3 对、白色、体两侧前后足间各有两条叶片状的刚毛,腹部末端周缘有 8 条刚毛,其中第三对为长刚毛,针状,其余为叶片状。各足胫节有一条较长刚毛。若虫体淡红色或灰白色,有足4 对,体后部上下较扁平,末端周缘刚毛 8 条全为叶片状。

【发病规律】葡萄红蜘蛛一年发生六代以上,以雌虫在老皮缝内,叶腋以及松散的芽鳞绒毛内群集越冬,目前尚未发现雄虫。越冬雌虫在第二年 4 月中下旬出动,为害刚展叶的嫩芽,半个月左右开始产卵(4 月底或 5 月初)。全年以幼虫、若虫和成虫进行为害嫩芽基部、叶柄、叶片、穗柄、果梗、果实和副梢。10 月底开始转移到叶柄基部和叶腋间,11 月中旬完全隐蔽起来越冬。越冬后的雌虫,大多停留在多绒毛的嫩梢基部为害。在叶片上虫体多集中在叶背的基部和叶脉两侧。成虫有拉丝习性,但丝量很少。卵散产,单雌产卵一般在 21～30 粒,一次能产 8～11 粒,产卵后 20 天雌成虫死亡。幼虫有群体脱皮习性。一般葡萄产区 7～8 月份的温、湿度条件最适宜此螨的生长发育,卵期为 3～8 天,从卵孵化到成虫产卵仅需 12～16 天,故 7～8 月份繁殖很快,发生数量最多。

【症状特点】葡萄红蜘蛛主要为害葡萄,以幼虫、成虫先后在嫩梢基部、叶柄、叶片、果梗、果穗及主副梢上为害。叶片受害后,叶面呈现很多黑褐色斑点,为害严重时焦枯脱落,果穗受害后,果梗、穗轴呈黑色,组织变脆,极易折断,果粒前期受害,果面呈现铁锈色,果皮表面粗糙,有时龟裂,并影响果粒生长,果穗后期受害影响果实着色,使果实含糖量大减,严重影响着葡萄的产量和品质。由于受害叶片早期脱落和枝蔓直接受害,使枝蔓不能正常发育,造成枝条不能成熟,这不仅影响当年葡萄的产量和品质,也严重的影响第二年的生长和产量。

【防治方法】

(1)葡萄出土上架后,用 3 波美度的石硫合剂加 0.3% 洗衣粉喷雾,效果非常显著。

(2)6 月底 7 月初一旦发现可喷 0.3 波美度石硫合剂效果很好。

(3)如果用敌百虫喷杀时,可用 1000 倍液连续喷 2～3 次即可消灭。

四、葡萄生理病害

1. 葡萄水罐子病

葡萄水罐子病(彩图 34)也称转色病、水红粒,是葡萄上常见的生理病害,在产量过高、管理不良的情况下,水罐子病尤为严重。

【发病规律】病因主要是营养不良和生理失调。一般在树势弱、摘心过重、负载量过多、肥料不足和有效叶面积小时该病容易发生;地下水位高或成熟期遇雨,尤其是高温后突然遇雨田间湿度大时,此病更为严重。

【症状】水罐子病主要表现在果粒上,一般在果粒着色后才表现症状。发病后果穗先端果粒明显表现出着色不正常,色泽淡,果粒呈水泡状,病果糖度降低,变酸,果肉变软,果肉与果皮极易分离,成为一包酸水,用手轻捏水滴成串溢出,故有水罐子之称。发病后果柄与果粒处易产生离层,极易脱落。

【防治方法】

(1)加强土、肥、水的管理,增施有机肥料和根外喷施磷、钾肥,适时适量施用氮肥,及时除草,勤松土。

(2)控制负载量,合理控制单株结果量,增加叶果比。

(3)多留主梢叶片。主梢叶片是一次果所需养分的主要来源,若因病虫为害,叶片受损就常常导致水罐子病发生。因此,一般主梢要尽量多保留叶片,并适当多留副梢叶片,这对保证果穗生长的营养供给有决定性作用。另外,一个果枝上留两个果穗时,其下部果穗转色病发生比率较高,在这种情况下,采用适当疏穗,一枝留一穗的办法可有效减轻病害的发生。

2. 日灼病(日烧病)

葡萄喜光热,是一种耐高温树种。但在大陆性气候条件下,往往是蒸发量大于降水量,空气湿度太小。若温度长时间维持在35~38℃时,虽然叶片还能忍受,幼果则会发生日灼(彩图35),群众称之为黑籽病。

【发病规律】葡萄果实日灼病的发生是由于土壤水分供应失调,果穗缺少隐蔽,在烈日暴晒下果粒表面局部受高温失水所致。

当果园内气温高于35～36℃,并有强光直射的情况下,日灼病就会急剧发生。特别是大粒,硬核期时间较长,果皮较薄的欧亚种晚熟葡萄品种,如红地球日灼病明显较重。篱架栽培时日灼病明显重于棚架。

【症状特点】果粒发生日灼时,果面生淡褐色近圆形斑,边缘不明显,果实表面先皱缩后逐渐凹陷,严重的果穗变为干果。卷须、新梢尚未木质化的顶端幼嫩部位也可遭受日灼伤害,致梢尖或嫩叶萎蔫变褐。

【防治方法】

(1)凡有此病为害的地区,应采用棚架型栽培。棚架果穗垂挂在架面下,这样可避免日光直接照射,减轻为害。特别是大粒鲜食葡萄品种,更要注意。

(2)果穗套袋。

(3)葡萄行间或架下种草,在进入高温期后,每天下午喷水降温,调节葡萄园小气候。

3. 气灼病

气灼病(彩图36)是近年来在红地球等大粒葡萄品种上发现的一种生理性病害,而且由于气候的变化发病逐年增多加重,气灼病对果实生长影响很大,已严重影响到鲜食葡萄的生产和发展。

【发病规律】气灼病发病的外界诱因是高温,据观察当果园内气温急剧升至35℃时,尤其是晴天的中午极易形成气灼病。气灼病的发生也和土壤水分供给不良和地温突然升高,根系吸水受阻有直接的关系,因此,气灼病属于高温引起水分供应不足蒸腾受阻、果面局部温度过高而导致的生理病害。据观察,阴雨过后突然放晴的闷热天气,气灼病发生较为严重;同时套袋果在雨后天气突然放晴温度过高时也易发生气灼病。夏季修剪摘心和去除副梢过重时气灼病也较重。土壤黏重的果园发病也明显较重。果园种草或覆草的气灼病发病明显较轻,果园土壤有机质含量高的气灼病也较轻。

整形、架式、棚架和篱架气灼病发生差异不大,有时棚架甚至比篱架还要严重一些,这一点和日灼病有明显的不同。

【症状特点】气灼病主要为害幼果期的绿色果粒,它和日灼病的最大区别在于日灼病果发病部位均在果穗的向阳面和日光直射的部位,大多在果穗肩部和向阳部位;但气灼病的发生无部位的特异性,几乎在果穗任何部位均可发病,甚至在棚架的遮阳面、果穗的阴面和果穗内部、下部果粒均可发病。初发病时,果面上呈现凹陷、失水,形成烫伤状,病斑最后成为干疤,使果粒皱缩,为害极大。

【防治方法】

(1)加强果园水分管理,改良果园小气候,增强通风,降低叶幕层周围温度能有效防止气灼病的发生。

(2)改良果园土壤,深耕施基肥,增加土壤有机质,促进根系向深层生长,增强根系抗土壤高温的能力。

(3)合理调控土壤水分,在幼果生长的早中期经常保持树盘内适中的水分供应,勿干勿涝,防止土壤水分急剧变化,尤其晴天中午不要进行灌溉。

(4)推行果园种草或覆盖,这样不但能有效地保持水土,还可减少地表热辐射,减少气灼病的发生。

(5)避过高温季节,适时进行套袋。同时尽量减少果穗上和果穗周围的病虫害和机械伤口等,均能有效防止气灼病的发生。

(6)对已发生气灼病和日灼病的果粒应在整理果穗时及时剪去,以防止继发白腐病、酸腐病等其他病害。目前对日灼病、气灼病尚无有效的治疗药剂,勿乱用药剂进行治疗,以免造成更大的损失。

4. 葡萄缺氮症

葡萄缺氮症(彩图 37)是葡萄生长过程中氮缺乏所致。

【发病规律】缺氮素症发生的主要原因是土壤中的氮素缺乏。

【症状特点】葡萄缺氮时首先导致新梢上部叶片变黄,新生叶片变薄变小,老叶黄绿带橙色或变成红紫色;新梢节间变短,花序纤细,花器分化不良,落花落果严重,生长结束早。氮素严重不足时,新梢下部的叶片变黄,甚至提早落叶。

【防治方法】

(1)葡萄定植时和每年秋、冬季要开沟施足优质的有机肥料。以改善土壤结构,保持土壤有充足的肥力。

(2)生长季节可以在叶面上喷施速效性氮肥,其中以尿素最好,喷施的浓度为 0.2%~0.3%。

(3)春季植株缺氮对花芽继续分化和开花坐果有不良的影响,应适时地供应氮素。采收后应及时追施氮肥,对增强叶片光合作用、促进树体养分的积累和花序的分化都有良好的作用。

5. 葡萄缺磷症

葡萄缺磷症(彩图 38)是葡萄生长过程中磷缺乏所致。

【发病规律】磷在酸性土壤上易被铁、铝的氧化物所固定而降低磷的有效性;在碱性或石灰性土壤中,磷又易被碳酸钙所固定,所以在酸性强的新垦红黄壤或石灰性土壤,均易出现缺磷现象;土壤熟化度低的以及有机质含量低的贫瘠土壤也易缺磷;低温促进缺磷,由于低温影响土壤中磷的释放和抑制葡萄根系对磷的吸收,而使葡萄缺磷。

【症状特点】葡萄缺磷的症状,一般与缺氮的症状基本相似。萌芽晚,萌芽率低。叶片变小,叶色暗绿带紫,叶缘发红焦枯,出现半月形死斑。坐果率降低,粒重减轻。果实成熟迟,着色差,含糖量低。

【防治方法】

(1)叶面喷施磷素肥料,种类有磷酸铁、过磷酸钙、磷酸钾、磷酸二氢钾等,其中以磷酸铵和磷酸二氢钾效果最为明显。喷布浓度以 0.3%～0.5%为宜。在幼果膨大期每 7～10 天喷施 1 次,共喷 3～4 次。

(2)开花期以前每亩施磷肥 20～40 千克,以促进花序发育,促进坐果。

(3)在果实着色、枝条成熟期,为促进果实着色、增加浆果含糖量和枝条成熟充实,每亩追施磷肥 20～40 千克,或在果实膨大后进行 2～3 次根外追肥,都有良好的效果。

(4)果实采收后施基肥时要重视磷肥,一般每株成龄树施过磷酸钙 0.5～1 千克,和其他有机肥一同深施于施肥沟内。

6. 葡萄缺钾症

葡萄常被称为典型的钾质果树,对钾肥的需求远远高于其他各种果树,即使在含钾量丰富的土壤上,葡萄也常常发生缺钾现象(彩图 39)。

【发病规律】在黏质土、酸质土及缺乏有机质的瘠薄土壤上易表现缺钾症。果实负载量大的植株和靠近果穗的叶片表现尤重。果实始熟期,钾多向果穗集中,因而其他器官缺钾更为突出。轻度缺钾的土壤,施氮肥后,刺激果树生长,需钾量大增,更易表现缺钾症。

【症状特点】缺钾时植株抗病力、抗寒力明显降低,同时光合作用受到影响,果实小,着色不良。成熟前容易落果,降低产量和品质。缺钾时枝条中部的叶片表现为扭曲、失绿变干,并逐渐由边线向中间枯焦,叶子变脆容易脱落。

【防治方法】

(1)增施有机肥改变土壤结构以提高土壤肥力和含钾量。

(2)7～8 月进行根外喷施钾肥,每隔 10 天左右喷 1 次 0.3%磷酸二氢钾直到 8 月中下旬,共喷 5～6 次。喷施钾肥可与喷药一并进行。

（3）根施草木灰或根外喷施3％草木灰浸出液也有良好的补钾效果。

7. 葡萄缺硼症

葡萄缺硼症（彩图40）是一种生理病害，在土壤偏碱性或缺少有机质、土质黏重通气不良的葡萄园容易出现此症。

【发病规律】葡萄缺硼症状的发生与土壤结构、有机肥用量有关。沙滩地葡萄园、通气不良、土壤黏重的地区缺硼现象较为严重。在过于干燥的年份和灌水少的园地，缺硼症病株也明显增加，特别是在花期前后土壤过于干旱时更容易加重缺硼症的发生。

【症状特点】葡萄缺硼症的主要表现是枝蔓节间变短，植株矮小，副稍生长弱；叶片明显变小、增厚、发脆、皱缩、向外弯曲，叶绿出现失绿黄斑，严重时叶绿焦灼；尤为明显的是开花时花冠不脱落或落花严重，花序干缩，结实不良；果穗上无种子的小粒果实增加，形成了明显的大小粒现象。另外，缺硼植株的根系分布较浅，甚至形成死根。

【防治方法】

（1）改良土壤、深耕土壤，增施优质有机肥，改良土壤结构，增加土壤肥力，增加土壤有效硼含量。

（2）避免连续过量施用石灰和钾肥，降低土壤的酸碱值，有利于硼的溶解吸收。

（3）对缺硼较严重的果园，于秋施有机肥基础上，每亩一次性施入硼砂或硼酸1.3～3千克，有较好的治疗效果。但施入量不可过大，否则有抑制作用。

（4）分别于花前一周和盛花期叶面喷施0.1％～0.3％的硼砂液，能显著改善果园缺硼症状。

8. 葡萄缺锌症

锌与植物生长素的合成有关,葡萄缺锌(彩图 41)时生长素不能正常形成,植株生长异常,同时,叶绿素形成与锌关系密切,因此缺锌时容易引起叶绿素减少从而形成失绿病。

【发病规律】缺锌症状的发生,主要是因为土壤中的锌素含量过低,或是因为土壤中的锌素转化不良,植株无法吸收利用。

【症状特点】葡萄缺锌时枝、叶、果生长停止或萎缩枝条下部叶片常有斑纹或黄化;新梢顶部叶片狭小或枝条纤细,节间短,失绿,并形成大量的无籽小果。在栽培品种中,欧亚种葡萄对缺锌较为敏感,尤其是一些大粒型品种和无核品种如红地球等对锌的缺乏更为敏感。

【防治方法】

(1)改良土壤结构,增施有机肥。沙质土壤含锌盐少,而且容易流失;而碱性土壤锌盐容易转化成不可利用的状态,因此改善土壤结构、加强土壤管理、增施有机肥料、调节各元素平衡协调,对改善锌的供应有良好的作用。

(2)葡萄开花期或开花期以后每半月左右叶面喷施 1 次 0.1%～0.3%硫酸锌,共喷 2～3 次能有效补充锌的不足,促进浆果正常生长、提高葡萄产量和含糖量。

五、鸟、鼠、风害防治

葡萄在全年生长过程中自然灾害不断,常见的有风、霜、冰雹以及鸟、鼠等灾害,要注意防范。

1. 鸟害

当葡萄果实成熟时,鸟宿、雀巢、喜鹊等即到葡萄园啄食为害。

很好的葡萄穗经鸟类啄食后,穗形不整齐,更主要的是鸟类啄破果粒,致使果汁流溢染湿其他果粒,很快引起病害,造成烂果,直到全部果穗烂掉,损失很大。

【为害规律】啄食时间,以清晨天刚亮时为多。凡被鸟类啄食过的果穗,都是快要成熟糖分较高,或已着色的果粒。

【防治方法】不能采用毒死或打死方法,只能惊飞,每天清晨看园惊鸟。

2. 鼠害

鼠害是在荒地、山地、靠近林边建葡萄园时常常遇到的灾害。

【为害规律】为害果实较重的有黄鼠、松鼠等,为害植株者有鼹鼠、鼢鼠,严重时,可将整行葡萄及果树的根部全吃掉或咬碎,致使第二年春季不能发芽而死亡。

【防治方法】

(1)在果园中设点诱杀,分点投药,诱其毒死。

(2)工具捕打,采用捕鼠工具捕杀。

3. 风害

一般情况下,人们多不注意,但风害的损失是很大的。

【为害规律】北方地区进入 4 月份后,风沙天气不断,风级较大时可发生倒架现象。

【防治方法】

(1)葡萄行不宜太长,以 100 米内为宜。

(2)顶杆立 2.5 米,深埋 50 厘米,边杆至少 3 米,深埋 80 厘米,都用地牛,比戗杆力量大。

(3)建园时,要注意风向,顺风开沟,顺风爬架,埋固定栓时,至少深埋 50 厘米。

第七章　采收、包装和加工

葡萄含糖量高达 10%～30%，以葡萄糖为主。葡萄中的多量果酸有助于消化，适当多吃些葡萄，能健脾和胃。葡萄中含有矿物质钙、钾、磷、铁以及维生素 B_1、维生素 B_2、维生素 B_6、维生素 C 等，还含有多种人体所需的氨基酸，常食葡萄对神经衰弱、疲劳过度大有裨益。把葡萄制成葡萄干后，糖和铁的含量会相对高，是妇女、儿童和体弱贫血者的滋补佳品。现代医学研究表明，葡萄还具有防癌、抗癌的作用。随着人们保健意识的增强，消费观念的转变，越来越多的葡萄被酿成果汁、葡萄酒，成为味美多效的营养保健品。

肾炎、高血压、水肿患者，儿童、孕妇、贫血患者，神经衰弱、过度疲劳、体倦乏力、未老先衰者，肺虚咳嗽、盗汗者，风湿性关节炎、四肢筋骨疼痛者，癌症患者尤其适合食用葡萄；但糖尿病患者，便秘者，脾胃虚寒者不宜食用。

第一节　葡萄的采收与贮藏

采收是葡萄栽培中一项重要工作，是销售、贮藏加工的开始，是商品生产的归宿。

一、采收时期的确定

1. 葡萄成熟期

葡萄成熟期分开始成熟、完全成熟和过熟期。

(1)开始成熟期:有色品种果实开始上色为标志,白色品种果实开始变软为标志。此时不是食用采收期,含糖不高,含酸较高,不好食用。

(2)完全成熟期:有色品种果实完全呈现该品种特有的色泽、风味、芳香气时即达到了完全成熟。白色品种果实变软,近乎透明,色泽由绿转黄,种子外皮变得坚硬并全部呈现棕褐色时即达到了完全成熟,果实糖分含量达到最高点,此为最佳采收期。

(3)过熟期:已经完全成熟以后不采收,果实果粒因过熟而落粒或易落粒,水分通过果皮散失浆果开始萎缩。

2. 根据用途确定采收时期与标准

(1)鲜食品种:鲜食品种主要是根据市场的需求决定采收时期。一般供应市场鲜食的浆果,要求色泽鲜艳,果穗、果粒整齐,糖酸比适宜,有香味,口感好。早熟品种为了提早供应市场,在八至九分成熟即可采收。

贮藏用的鲜食品种,多为中晚熟和晚熟品种,在果实具有本品种果实的香味,有弹性,含糖量较高的完全成熟时采收,此时气温冷凉,有利于长期贮藏。果实的成熟度可根据色泽、硬度、含糖量等来判断,同一地区,果实色泽、含糖量基本上可反映品种的成熟度。总之,用于贮藏的葡萄成熟度愈高,糖分积累愈多,浆果冰点愈低,穗轴木栓化程度愈高,耐贮性愈强。

欧亚种的晚熟品种,在不受冻害的前提下,采收时期越晚越好,欧美种应充分成熟,适期采收,如采收过晚,果实硬度下降,贮藏过程中落粒较重。

(2)酿酒品种:根据酿酒的种类不同,对酿酒原料的糖、酸含量及采收期的要求也不同。在理论上,葡萄含糖量达每 100 毫升 1.7 克,才能酿造出 1 度酒,因此要求酿酒葡萄的含糖量至少要达 17%,即 170 克/升,才可能酿出 10 度酒。普通干白葡萄酒为 11 度,酿造干白葡萄酒,应在浆果完全成熟前采收,适宜的酸度是确定采收期的主要指标。对于甜型葡萄酒,则需尽量提高原料的含糖量,应在过熟的适当时期采收,浆果含糖量是确定采收期的主要指标。干红葡萄酒为 12 度,因此要求酿酒葡萄的含糖量至少要达到 19%~20%时才能采收。如酿制利口酒或天然甜酒要求的糖度高达 22%以上。充分成熟的葡萄,不仅含糖量高,糖酸比适宜,而且葡萄酒品质的芳香、色素、酚类物质等都明显增加。这些物质使葡萄酒香气优雅,色泽鲜艳,酒体丰满,口感醇厚。相反,用不充分成熟的葡萄,加糖酿制的葡萄酒,不仅缺少应有的典型性,而且口味寡淡,酒体不丰满、不协调,还不耐存放。

用于蒸馏白兰地的葡萄原酒,要求自然酒精度偏低,仅 8~9 度,但蒸馏出酒的出酒率也偏低,因此栽培酿造白兰地酒的品种,产量可适当增加,但必须充分成熟时采收,酿制的酒质柔和爽口,回味绵延。

3. 葡萄成熟度的标准鉴别

(1)外观皮色:紫黑色品种如巨峰、巨玫瑰、玫瑰香等果实都是由绿色变浅绿、浅红、紫红、紫黑色;红色品种是由绿色变浅红、红色、深红色、紫红色;黄色品种则由绿色变成浅绿、黄绿、绿黄变金黄色等,各色品种应在达到完全成熟的标准色泽时再采收。如紫黑色品种应在紫红、紫黑色,红色品种应在深红。紫红色、黄色品种应在绿黄、金黄色时采收,此时,果实含糖量均在 15%~17%。

(2)果粒硬度:浆果成熟时不管脆肉型还是软肉型品种,果粒硬度都有所变化,如巨峰和红地球两个代表品种的果粒都是由较硬的绿色逐渐变成有弹性的紫黑色或紫红色为适宜采收时期。

(3)糖酸含量:浆果含糖量是确定果实成熟度的重要指标,同一品种在不同地区,浆果含糖量也不同。如巨峰和红地球品种在河北东部地区,可溶性固形物分别都应在 15% 和 17% 以上,酸度在 0.6% 和 0.5% 以下,鲜食葡萄成熟采收应达到上述指标。

(4)肉质风味:根据口尝葡萄果肉的甜酸、风味和香气等综合口感,评定是否达到本品种固有的特性风味。

总之,要按上述 4 项综合性状确定其成熟度和采收期较为准确。

二、采收

一旦确定采收期,依据销售要求,做好采收计划及相应的准备工作。

1. 采收前的准备

采果前 20 天喷 1500 倍液甲基托布津,采前 3~5 天再喷 1000 倍液萘乙酸,以防止裂果、落果,增进果实着色,提高糖分和防止发生孢霉病、赤霉病和白腐病。

在采收前 10~15 天停止灌水,如遇到降雨注意防雨和排水,尽量避开雨天采收,以免降低浆果含糖量和耐贮性。采收工具(果剪、采收筐、包装箱等)、运输工具,以及贮藏库或土窖的准备都要妥善齐全。入贮前贮藏场所需清扫干净并消毒,冷库要在入贮前 2 天把库温降至 −1℃ 待贮。

2. 采收技术

(1)采收时间:在晴天早晨露水干后开始到 10 点钟以前和下午气温凉爽后进行采收,切忌雨天、有露水及炎热的中午采收,否则浆果容易发病腐烂而不耐贮藏。

(2)采收方法:采收人员用一手将葡萄穗梗拿住,一手持采果剪,在贴近果枝处将果穗剪下,并立刻剪除病粒、坏粒和青粒,然后轻轻放入果篮中,注意不要擦掉果粉,待果篮装到 2~3 层后,由分级人员及时按各级标准轻轻放入果箱之中。

总之,葡萄采收工作,要突出"快、轻、准、稳"4 个字,"快"就是采收、剪除坏果粒、分级、装箱、包装入库、预冷等项都要迅速;"轻"是采收、装箱等项作业都要轻拿轻放,尽量不擦掉果粉,不碰伤果皮和不碰掉果粒;"准"是下剪位置、剪除坏果、分级、称重等都准确无误;"稳"是采收时拿稳果穗和分级装箱时将果穗放稳,运输、贮藏码果箱时一定垛稳、码实,不能倒垛。

同时要注意,凡高产园、氮肥施用过多、成熟不充分;含糖量低于 14% 的葡萄和有软尖、有水罐子病的葡萄;采前灌水或在阴雨天采摘的葡萄;灰霉病、霜霉病及其他病害较重的葡萄园的果穗;遭受霜冻、水涝、风灾、雹灾等自然灾害的葡萄;成熟期使用乙烯利促熟的葡萄不能用于贮藏。

三、分级

葡萄在全年发育过程中,虽是同一品种,同在一个架上生长,但仍有果穗大小,果粒是否整齐等差异。在优种、优质、优价的原则下,鲜食品种的葡萄,采收后要进行分级。

分级前先剪除病虫果粒、干枯腐烂果粒、破裂果粒,以及发育不全的小果粒和绿果粒(青粒),然后按果穗大小、松紧度分级,一般分为三级：

一级品：果穗典型而完整，穗梗上的果粒基本上没有破损和脱粒，果粒大小均匀，全穗有 90％以上的果粒呈固有色泽。可以贮藏保鲜。果穗重量在 0.5 千克以上。

二级品：对果穗、果粒大小及成熟度要求不严格，但基本无破损粒，不能用于贮藏。穗重在 0.5 千克或以下者。

三级品：一二类淘汰下来的果穗为三级。一般不能远运，应在当地销售。

对酿造葡萄品种，除按不同品种的酒质好坏来定价以外，近年来，各地都采用了以糖度计价的方法，即按品种确定基本糖度价格（因同品种在各地表现糖度不一致），然后再根据糖度增加或减少收购价格，从而促进葡萄栽培者在提高产量的同时，注重提高品质，确保优质酒的原料。

四、包装

包装是商品生产的重要环节。葡萄果实含水量高，果皮保护组织性能差，容易受到机械损伤和微生物侵染，包装可以减少病虫害的蔓延和水分蒸发，保持良好品质的稳定性，提高商品率和卫生质量。合理的包装有利于葡萄货品标准化，有利于仓贮工作机械化操作和减轻劳动强度，有利于充分利用仓贮空间和合理堆码。

1. 包装容器的要求

葡萄浆果是不耐挤压的果品，包装容器不宜过深，一般多采用小型木箱或纸箱包装，鲜食品种多用 2～5 千克的包装箱，箱内要有衬垫物或包装纸。有的用木板箱、塑料箱或具有本地特色的小包装。酿造葡萄为产地加工，因此多为厂家提供的一定规格的塑料周转箱。

　　包装容器应该清洁、无污染、无异味、无有害化学物质；内壁光滑、卫生、美观、重量轻、易于回收及处理等；容器要有通气孔，木箱底及四壁都要衬垫瓦楞纸板，将果穗一层层、一穗穗挨紧摆实，不窜动为度，上盖一层油光薄纸，纸上覆盖少量净纸条，盖紧封严，以保证远途运输安全。包装容器外面应注明商标、品名、等级、重量、产地、特定标志及包装日期。

2. 包装方法与要求

　　采后的葡萄应立即装箱，集中装箱时应在冷凉环境中进行，避免风吹、日晒和雨淋。装箱后葡萄在箱内应呈一致的排列形式，防止其在容器内滑动和相互碰撞，并使产品能通风透气，充分利用容器的空间。目前我国葡萄在箱内摆放大多采用两种方法：一种是整穗葡萄平放在箱内，还有一种是将穗梗朝下。采用双层或单层的包装箱。

　　要避免装箱过满或装箱过少造成损伤。装量过大时，葡萄相互挤压，过少时葡萄在运输过程中相互碰撞，因此，装量要适度。包装的重量：木板箱、塑料箱容量为 5～10 千克，纸箱容量为 1～5 千克。装箱时，果穗不宜放置过多、过厚，一般 1～2 层为宜。

五、保鲜贮藏

　　葡萄在贮藏过程中，仍然是活的有机体，继续在进行着呼吸作用。降低葡萄的呼吸强度，达到延缓衰老，延长葡萄保质期的目的，需要考虑葡萄的贮藏条件。

(一)贮藏适宜的条件

1. 影响葡萄贮藏的主要因素

影响葡萄贮藏的因素很多,主要体现在用于贮藏的葡萄品种与栽培条件、贮藏温度、环境中相对湿度以及化学剂的应用等方面的因素。

(1)品种和栽培条件对贮藏的影响:品种之间的耐贮性差异较大,一般而言,欧亚种强于美洲种,晚熟种强于早熟种,耐贮性好的品种,多具有果皮厚韧、着色好、果皮和穗轴蜡质厚、含糖量高、不易脱粒、果柄不易断裂等特点。市场销售看好的红地球的耐贮性相当好,在贮藏过程中,即使穗轴干枯,果粒仍然紧密地着生在果柄上。耐贮性较好的品种还有龙眼、巨峰、玫瑰香、意大利、红意大利、新玫瑰、秋红、摩尔多瓦等。

肥料的种类与贮藏性能密切相关,钾元素能使果肉致密、色艳芳香,钙和硼元素能保护细胞膜完整,抑制呼吸防止某些生理病害。采前根外施钾、硼肥和微量元素有助于提高贮藏性,氮肥过多不利贮藏。土壤含水量高,采前灌水或遇雨导致浆果含水量大,含糖降低,不利贮藏,因此采前半个月至1个月严格控制灌水,遇雨要推迟采收。

成熟度好的葡萄,在贮藏期无呼吸高峰,属于呼吸非跃变型浆果,充分成熟、果皮厚韧、着色度好、耐贮性强。旱地产的葡萄比湿地产的葡萄耐贮;采前控水比采前灌水的葡萄耐贮。葡萄在树上的着生部位与树龄对耐贮性也有一定的影响。如葡萄的果穗着生在蔓的中部和梢部比基部的耐贮;壮年盛产园采收的葡萄比老年低产园采收的葡萄耐贮藏。

受晚霜、冰雹、高温、日灼为害,影响贮藏效果,旱地葡萄因土壤含水量低比较耐贮藏,北方葡萄较南方葡萄耐贮藏。

(2)温度对贮藏的影响:在贮藏过程中,温度对葡萄的影响很大。浆果的呼吸强度会随着温度的升高而增强,使果实提前进入到衰老的过程中。对一般水果而言,温度每升高10℃,呼吸强度就增加1倍,温度超过35～40℃时,呼吸强度反而下降,如果继续升高温度,果实中的酶就会被破坏,呼吸作用会停止。若温度过低,果粒内部结冰,严重影响贮藏质量。因此,在一定的温度范围内,呼吸强度是随着温度的降低而减弱,降低温度可以延迟呼吸高峰的出现,延长果实的贮藏期限。同时,低温抑制致病微生物的生长发育,也有利于延长贮藏期。

(3)相对湿度对贮藏的影响:相对湿度表示在一定的温度条件下,空气中水蒸气的饱和度。葡萄果实在贮藏过程中,浆果仍然在不断地进行水分蒸发,如果果实得不到足够量的水分补充,浆果会因失水过多而出现萎蔫。在葡萄失水1％～2％时,在外观上几乎看不出来,但当果实损失其原有水分的5％时,浆果表面就明显地出现皱缩。果实失水不仅重量减轻,商品价值降低,而且浆果的呼吸作用也受到了影响,果肉内部酶的活性趋向于水解作用,从而影响贮藏果实的抗病性、耐贮性。浆果内部的相对湿度最少为99％,因此,当果实贮藏在相对湿度低于99％时,果实内部的水分就会蒸发到贮藏环境中去。贮藏环境越干燥,水分蒸发越快,果实失水的速度也越快,越容易使果实萎蔫。

(4)保鲜药剂应用

①二氧化硫及其衍生物:市场上常见的贮藏保鲜剂有天津研制的CT型保鲜药片和辽宁生产的S-M、S-P-M保鲜片。使用时用纸将保鲜片包装好,均匀放在贮藏容器内,每5千克葡萄放8～10片(每袋2片)再加仲丁胺固体剂2克,调好温度(－1～0℃)进行预冷10～20小时后封袋、封箱,再置于低温冷库贮藏保鲜,葡萄贮藏4个月以上好果率达98％以上。

②仲丁胺及其衍生物:仲丁胺又名二氨丁烷是一种高效、低

毒、广谱性熏蒸型的杀菌剂。仲丁胺是一种碱性的表面杀菌剂,在动物体内有吸收快、代谢快的特点,属无积累、低毒的化学防腐剂。对曲霉属、青霉属、丛梗孢属、囊孢属、疫霉属、根霉属等病菌均有杀死和抑制作用。但仲丁胺的应用无法控制释放速度,在运输保鲜和短期保鲜中应用效果较好。如长期保鲜要与二氧化硫保鲜剂配合使用,有明显的增效作用。使用仲丁胺注意勿与贮藏物体直接接触,否则将会产生药害。

(5)化学试剂对贮藏的影响:据试验表明,在葡萄采收之前3～5天用50～100毫克/千克的萘乙酸或萘乙酸加1毫克/千克的赤霉素处理果梗,可以使果梗较好地保持新鲜而不脱粒;喷1.5%的多菌灵可防止在贮藏期葡萄腐烂,使果实的耐贮藏性更好。但要注意这些药剂的使用安全间隔期。

(6)其他影响因素:果实上的微生物的污染程度、贮藏室内空气的流通情况对浆果的贮藏性也有影响。如果采收粗放,有较多的果实受到了损伤,或运输不及时使浆果受到了日晒或雨淋,使果实原有的抗病力消弱,不利于贮藏。采收过程中,病烂果的剔除不彻底或将已严重污染的果品用于贮藏,也会影响其耐贮性。

在贮藏室中,空气的流动速度与果实表面的水分丧失正相关,过快的流速使果实表面失水较快;过低的流速,不利于保持贮藏室内二氧化硫的均匀度。因此,在隔热良好密闭的贮藏室内,要保持适当的空气流动速度。一般每分钟3～8米的流速即可。

2. 适宜的贮藏条件

适宜的贮藏条件是保证贮藏质量的关键。在生产和销售中,冷藏葡萄的温度控制在0℃以下,在较长时期内,能保持良好的贮藏效果。如龙眼葡萄的贮藏温度为-1～0℃。葡萄的结冰点在-3～-2℃,若贮藏温度在结冰点以下,葡萄会发生冻害。因此稳定控制贮藏室内温度在-1℃,有利于保证贮藏质量。葡萄是多汁水果,需要充分的水分保持其新鲜饱满状态,通常贮藏室内空气的相对湿度以90%～95%为宜。如果湿度低于90%,穗轴及果梗很容易干枯。贮藏室内保持一定量的二氧化硫浓度有利于延长贮藏期,葡萄长期处于30毫升/千克(不同品种所需的浓度不同)的二氧化硫浓度条件下,可有效抑制贮藏期的真菌性病害的发生。

(二)常用的贮藏方法

鲜食葡萄品种很多,但耐贮性差异较大。一般来说,早熟品种耐贮性差,中熟品种次之,晚熟品种耐贮。但也不尽如此,如晚熟品种中的大宝就不耐贮。果皮厚韧,果面及穗轴含蜡质,不易脱粒,果粒含糖量高的品种耐贮。同一品种不同结果次数,耐贮性也有较大差异,如巨峰葡萄的二、三次果就比一次果耐贮。近年来用冷库贮存的品种多为龙眼、玫瑰香、马奶子、巨峰二次果、红地球、黑大粒、秋黑、瑞必尔等。贮藏葡萄的方法很多,应用得较多的有传统贮藏法、冷库贮藏法。

1. 传统贮藏方法

传统的贮藏方法贮藏的果品,质量不十分理想,但设备简单,成本低,也可以达到适当延长供应期的目的。因此这种贮藏方式在产地仍然部分采用。

(1)塑料袋简易贮藏法:用0.04～0.06毫米厚的聚乙烯膜,压制成长40厘米、宽30厘米的小袋,每袋装果2～3千克,扎好袋口,放入底上垫有4～5厘米厚锯末或碎稻草的浅箱中,每箱只摆一层果,将箱放到冷凉的不住人的房间内贮藏。贮藏期间不要随意开口和挪动,即使有1～2粒果霉烂也不要开袋,一旦开袋,袋内氧气骤然增多,就很难继续贮箱了。用这种方法可贮藏1～2个月。

(2)缸藏法:用于缸藏的葡萄,需充分成熟、没有病虫、穗形完整美观,并带 4~5 厘米长的果枝。贮藏前,将果穗整理一下,剔去病虫为害和碰伤的果粒、小青粒,并用蜡封果枝两端的剪口。将果实预冷 3~5 天之后,入缸贮藏。用来贮藏葡萄的缸,用高 70 厘米、腰径 60~70 厘米的瓦缸,涮洗干净后,用硫磺熏过,以消毒杀菌。装缸时底上垫 3 层洁净软纸,放入果穗 2~3 层,厚约 25 厘米,再放入井字形木架卡在缸的腰部,架上铺膜或软纸,且须每隔 8~10 厘米见方打一个 1 厘米大的小孔,以利透气,膜上再放果穗 1~2 层,高 15~20 厘米,将缸放入冷凉室内,前期不封口,1 个月后用纸封口加盖。这种方法,可将缸放在不住人而又不太冷的屋内即可,一般是里屋住人,可将缸放在外屋地上。天气转暖后,白天关闭通风口和窗门,晚上打开,以降低室温,可贮藏至次年春节。开缸后必须一次处理完,绝对不能再封缸,以免缸中氧气增多而变质。

(3)室内贮藏法:葡萄室内贮藏法,在葡萄产区已有近百年的历史,这种保鲜技术设备简单,效果很好。

葡萄采收后尽管此时气温逐日下降,但也要摊开散热,摘除病伤果粒、小粒、青粒,选择果穗完整,果枝柄梗翠绿,果粒大小均匀,着色良好的葡萄,准备装筐多用紫穗槐条、荆条编织的圆筒果筐,每筐 20~25 千克。先在圆筐内四周垫好麻纸、垫纸,厚度要根据贮藏期长短而有增减,如贮藏期长可垫到 10 层纸的厚度,以利保温防干,然后将葡萄装筐,装筐技术要求穗梗在下,果粒在上,越紧越好,装满后上面用软纸覆盖,放在庭院阴凉通风处预贮,筐底下垫以石块或木棍,以免筐底过湿而使内部果穗霉烂。预贮过程中,如遇阴雨天,应遮盖好,防止漏水于筐内。等到霜降后气温降到 3~4℃时,移入室内,即普通房屋或仓库内都可。此时,最好使南房或东西房内温度较低,要注意开窗通风。

入房前,室内用硫磺熏蒸 1~2 小时再入屋。在室内也要把筐底垫起 15~20 厘米,降湿通风。立冬后再移入北房。

　　冬季气温逐渐降低,要注意关门闭窗,室内温度一般应维持在3℃左右。具体做法是在室内葡萄筐上放一碗清水,以碗内水稍见冰茬时或薄冰轻轻一捅即破为宜,如捅不破时,应加温至冰化为宜。用这种方法可使葡萄贮藏到第二年2~3月份,损耗率仅为3%~5%。

　　另一种方法是准备贮藏的葡萄,推迟采收时期,至霜降后2~3天,再采收。这样使果实充分成熟,增加其含糖量,减少水分,有利于贮藏,为了防止虫害或霜降后的冷冻为害,对贮藏的果穗,于采前用纸袋包裹,采摘时再轻轻剪下来。

　　贮藏的葡萄,用15~25千克的荆条筐装置,然后置于闲屋的土坑上,至多垛两层堆,贮藏期间注意通风,防止伤热,室内温度不超过5℃,防止水分蒸发,保持室内湿度,门窗要用纸糊严,室内空气干燥时,要在地面洒水,使室内相对湿度保持在80%~90%。

　　葡萄入屋半个月后,要在每个筐上面盖一层麻纸,当温度下降到0℃时,再盖一层麻纸。温度继续下降时要注意防寒,即在葡萄上盖一层棉被,必要时室内加火,时间不宜太长,使室内温度保持在0~4℃为宜,并继续保持室内湿度。这样可贮藏到第二年2~3月份。

　　(4)沟藏法:山东葡萄产区的群众,多年来采用沟藏法能使葡萄贮藏2个半月以上,以保持新鲜、味美。挖南北走向的沟,沟长10米,深80厘米,上口1米,底宽30厘米,沟底铺5~10厘米的细干沙。

　　葡萄采收后,进行剪除病粒,挤压破碎粒、小青粒等,然后分级装筐。筐底铺二层麻纸,将剪好的果穗横卧筐内,在互不挤压情况下,果穗之间的空隙越小越好,装到略高于筐面为止。装好的果筐上面盖一层麻纸,先放在背阴通风处预冷10~15天,温度保持在5~10℃,以降低果温和呼吸强度,有利于贮藏。

　　将处理好的葡萄逐穗排放在沟底细沙上,一层湿沙一层葡萄,堆放 3～4 层即可,最后覆盖 20～30 厘米厚的湿沙。初期用草席覆盖,白天覆盖,夜间打开。白天气温降到 1～2℃时,夜间开始覆盖草席。随气温降低逐渐增加覆盖物。

(5)窑洞贮藏法:窑洞能维持较稳定的低温和较高的空气相对湿度,保存的葡萄新鲜度较好。但出入窑洞有所不便,因此只限于小规模贮藏。

在背阴、高燥的地方,挖深 2.0～2.5 米、长 3～5 米、宽 2.5～3 米的窑。窑顶架上横梁,铺上秸秆,然后覆土 30～50 厘米。窑顶的中部每隔 1～2 米留一个内径 20 厘米的通气孔。通气孔高 50 厘米,用砖砌成。室内用木杆搭成支架,在支架上每隔 30 厘米平放一层葵花秆或木杆,绑扎结实。剪取果穗时带 1～2 节果枝,将葡萄挂在横杆之间,互不相靠。也可在窑里利用秫秸编成贮藏架,把葡萄穗轻轻摆放在分层架上贮藏。

当室内温度下降到 1℃左右时,把果穗入室贮藏。贮藏期间,室内温度需保持在－1℃。要常检查贮藏室内温度,当室外气温高时,室内的气温也高,需在晚间打开通气孔来调节窑温。如发现霉烂果穗,要随时取出,以避免污染其他果穗。

(6)窖藏法:窖藏法多数是在庭院建窖,长 8～10 米,高 2～3 米,宽 2.5～3 米,窖顶部覆土 0.5 米,窖顶两侧或顶的中部每隔 2～3 米留一个内径 20 厘米的通气孔,通气孔用砖砌成,高 0.5 米左右,窖内除留人行道外,其余部分均用木杆搭成四行支架,然后从上往下每隔 30 厘米平放一层葵花秆或木杆、竹竿,绑扎结实,共分 4～6 层,入窖的带柄葡萄穗挂在横杆之间,互不相靠,若分层平放时,可将葡萄穗轻轻摆放在分层架上即可。

实践证明,分层单挂果穗通风散热快,效果好,互不挤压损伤,贮藏时间长。因此,准备窖藏的葡萄,在采收果穗时应将葡萄果穗上方的母枝剪留 10～15 厘米长,便于悬挂,且具有防止穗柄脱水的作用。采葡萄时切勿损伤果穗,并要将破碎粒、病粒及不整齐的果穗剔除。

此法的关键是调节温度和湿度。若温度高于10℃，葡萄受热易脱粒，湿度低于50％，易失水皱缩。入窖时气温较高，可将通气孔全部打开，昼夜大通风，立冬后气温逐渐下降，应白天揭开通风孔，夜间盖上，以后随气温变化，用灵活掌握打开或封闭通风口的方法调节窖温。窖内温度一般控制在0～1℃左右，相对湿度在80％左右为宜，过湿时易引起霉烂。窖内湿度不足时，可在窖内地面或四壁喷水增加湿度。

用此法贮藏的时间，最长达150天，即从采收后10月底入窖，至第二年3月份出窖，损伤只有3％～5％。

2. 冷库贮藏法

用冷藏库贮藏葡萄是目前广泛应用的贮藏方法之一。选择的贮藏条件适宜，可以获得理想的贮藏效果，因为冷藏库内的温度、湿度可以满足葡萄的要求，再加上其他技术的应用，使鲜食葡萄的供应期越来越长，几乎可达到周年供应。

（1）贮藏条件：鲜果贮藏期间温度要严格控制在-1～2℃，空气相对湿度控制在87％～95％。低温可降低果实的呼吸强度，但不宜过低，防止遭受冻害。空气湿度过低，不利于保鲜，过高则果面易结水珠。

（2）库房消毒及降温：贮果前2～3天要对贮藏库（室）进行2次充分、全面的消毒。先用福尔马林溶液配成有效成分（甲醛）为1％的溶液，或用40％的新鲜石灰水在整个贮藏库内进行全面消毒；再用10～20克/立方米的硫磺粉进行熏蒸消毒（工作人员最好带上防毒面具并及时撤离），经过8～10小时即可。库温应在入贮前2天降至-2℃。

（3）入库预冷：贮藏葡萄的保鲜包装箱，应以装4千克葡萄、放1层为宜。白天采收后放置阴凉处，至傍晚后进库快速预冷，尽快将温度降至-1℃。快速预冷可迅速降低入贮葡萄的呼吸强度和乙烯的释放。巨峰等葡萄预冷时间限制在12小时为宜,时间过长易出现干梗脱粒。用保鲜袋入库的小包装葡萄进库时应敞开袋口,将田间带来的热量和水分散去,预冷后再封袋口,最好有预冷间。当温度下降到0℃时,将保鲜剂放入袋内,然后扎紧袋口,在0.5±0.5℃条件下进行长期贮藏。

(4)堆放和保鲜:一般硬纸箱码高6~7层,每一箱葡萄中间,放置10包保鲜剂,箱面上再放上保鲜纸两张,垒成垛后罩上塑料膜封严,使每一垛葡萄自成一体,成为一个小环境,保鲜剂释放出的保鲜气体均匀充满在整个空间。垛间要留出宽20厘米的通风道。库内温度因不同位置略有差异,要将耐低温的品种放在低温处较好。冷库不同位置要放1~2箱观察果,随时检查箱内变化,要及时调整温度。

(5)贮藏期管理

①库房内葡萄全部入库后,在垛与垛之间放少许硫磺,关紧库门点燃后熏蒸,杀死入库时带进的病菌。由于库房为自动控温,管理人员前期不再进入库房,通过控温器调节库房温度,保持在-2~0℃,塑料膜中温度与库房温度可相差1℃左右。

②入库中期,气温、库温都基本合格,则进行1次通风换气,换气后再用硫磺熏蒸后关闭库房门。

③葡萄入库后2个月结合换气,对葡萄进行保鲜纸的更换,只换保鲜纸而不翻动葡萄,然后再垒垛套膜,同时也可对葡萄的保鲜情况作检查。

此法取材简单,成本低廉,且可反复使用,通过这几年的保鲜实践,最长保鲜时间可达8个月,保鲜率95%以上,在葡萄简易储藏上具有推广价值。

六、运输

葡萄运输建议采用冷藏车(船)或冷藏集装箱运输。如条件不具备,也可须冷至0℃后,采用普通汽车进行保温运输或保温集装箱运输。5～7天内可基本保持葡萄新鲜如初。运输时应注意包装容器一定要装满壮实,做到轻装、轻卸,运输途中防止剧烈摆动造成裂果、落粒,使用保温箱如聚苯乙烯泡沫箱等效果好于纸箱。运输中合理使用仲丁胺或二氧化硫速效防腐剂可降低腐烂率。运输工具应保持清洁、卫生、无污染。

第二节　葡萄的家庭简易加工

一、葡萄原汁的加工

1. 工艺流程

原料的选择→冲洗与除梗→破碎与压榨→过滤与澄清→调整糖酸比例→装瓶与杀菌。

2. 加工技术

(1)原料的选择:果汁加工用葡萄要求八成熟左右。成熟度过低没有葡萄的风味,过高贮藏加工过程易出现腐烂,加工时要及时挑去腐烂果、不成熟果等。

(2)冲洗与除梗:选好的葡萄原料,要用清水冲洗干净,晾干后除去果梗。

(3)破碎与压榨:用粉碎机将果粒挤压破碎,目的是使果汁流出。将果浆装入不锈钢容器内加热,温度在 60~70℃,10~15 分钟使果皮色素浸出而溶于果汁中。制白葡萄汁不经过加热处理,把果浆直接装入过滤白布(或 2 层白纱布)袋中压榨,使果汁全部流出。

(4)过滤与澄清:榨出的汁液用白布过滤,除去果汁中的果皮、种子和果肉块等,然后将汁液装入经消毒杀菌的玻璃或瓷缸中,再按汁液重量加入 0.08％的苯甲酸钠,搅拌均匀,使之溶解。经 3~5 个月的自然沉淀,果汁澄清透明吸出澄清液就完成原汁加工阶段。

(5)调整糖酸比例:根据大多数人的口味,一般将葡萄汁的糖酸比调整为(13~15)∶1 为宜。

(6)装瓶与杀菌:将果汁瓶刷洗干净后进行蒸汽或煮沸杀菌,然后将调整好的新果汁灌入瓶内,经压盖机加盖封口,并置于80~85℃热水中,保持 30 分钟,取出将瓶擦干,即可就地贮存。葡萄汁存放要求在 4~5℃阴凉环境中,可长期保存。

二、葡萄干的加工

葡萄干在我国已有悠久的历史,是畅销国内外的著名特产。它的优点是重量大为减轻,体积显著缩小,便于运输,可较长期保存,食用方便,营养丰富。

1. 工艺流程

原料选择→剪串→浸碱处理→曝晒→回软→包装。

2. 加工技术

(1)原料选择:制干用葡萄一般要求皮薄,无籽,果肉丰满柔软,含糖量高,外表美观。一般以无核白、无籽露为好,玫瑰香、牛奶等有籽葡萄也可用作制干。果实要充分成熟。

(2)剪串:采收以后,剪去太小和受伤害及腐烂果粒;果串太大时要剪成几个小串。在晒盘上铺放一层。

(3)浸碱处理:为加速干燥,缩短水分蒸发时间,采用浸碱处理,除去表皮上的蜡质层。一般在1.5%～4.0%的氢氧化钠溶液中,浸1～5秒钟,薄皮品种可用0.5%的碳酸钠或碳酸钠与氢氧化钠的混合液处理3～6秒钟。也可用93℃的0.2%～0.5%碳酸钾和0.4%橄榄油的混合液,在35～38℃下浸渍1～4分钟。

(4)干制:将葡萄装入晒盘,在烈日下暴晒10天左右。当表面有一部分干燥时,可以全部翻动一遍,至2/3的果实呈干燥状,用手捻果粒无葡萄汁液渗出时,即可将晒盘叠起来,阴干一周。在气候条件好时,全部干燥时间需20～25天。我国新疆的气候条件适宜制作葡萄干,不采用直接日晒的方法,而是挂在通风室内进行,这种阴干法制成的葡萄干,质量优良,呈半透明状,不变色。其晾房四壁布满梅花孔,大约经过40天的干热风吹晾即成。

葡萄干也可以进行人工干制。经过碱液出来的葡萄装入烘盘中,送入烘房。顺流干燥始温为90℃,终温70℃;逆流干燥为始温为45～50℃,终温70～75℃,空气相对湿度低于25%。果实装量15千克/平方米,果实干燥率为(3～4):1。

(5)回软:将果串堆放2～3周,使之干燥均匀。最后除去果梗即成。

(6)包装:葡萄干包装有布袋包装和木箱装两种,布袋分50千克或25千克装两种,木箱一般装25千克。质量标准以粒大、壮实、味柔糯者为上品;干燥度掌握成把捏紧后放开,颗粒迅速散开的为干燥;白葡萄干的外表要求略乏糖霜,舐去糖霜后色泽晶绿透明。红葡萄干外表也要求略带糖霜,舐去糖霜呈紫红色半透明;口味甜蜜鲜醇,不酸不涩。

（7）贮存：在7～12℃或是更低的温度环境下，储存18个月不变质。

三、自制葡萄酒的加工

1. 工艺流程

原料选择→分选→去梗→破碎→消毒→前发酵→压榨→调整酒度→后发酵→贮藏→沉淀过滤→装瓶、杀菌。

2. 加工技术

（1）容器及工具：广口瓶，酒瓶，软木塞或橡皮塞，玻璃弯管，橡皮管（或塑料管），纱布，玻璃棒。酿酒所用的工具必须是陶瓷、无毒塑料、玻璃器皿等，切不可用铁和其他金属制品。因为葡萄酒和铁器接触以后，酒会变黑变味；铅锌有毒会损害人体健康。所有用具用沸水浸洗。

（2）原料选择：用做酿酒的葡萄必须充分成熟，剔除青果、病果及腐烂果。

（3）去梗、消毒、漂洗：将果实用除梗机或手工去梗。然后用0.33％高锰酸钾溶液浸20分钟，用流动清水漂洗至水中无红色为止。

（4）首次发酵：把葡萄从梗上摘下，三、五个一起放在手中，然后把手伸进广口瓶，把葡萄皮攥破即可。注意瓶子不可以装满，到2/3处就要停止。葡萄酒里的酒精是靠其中的糖分在酵母菌作用下产生的，如果喜欢酒精度数高一些，中间可以分几次撒进白砂糖或者蜂蜜。可按照10千克葡萄、1千克白糖的比例加糖，出来的葡萄酒大约在10度，类似市场出售的干红。葡萄装瓶后把瓶子盖好（不要盖得很严，只要不进灰尘即可），放在温暖的地方等待葡萄自然发酵。

室温18℃左右的情况下,装瓶后24小时即可观察到瓶内有气泡出现,以后便发现葡萄里的汁液析出,葡萄皮浮起,泡沫逐渐增多。这时每天用勺子搅动2次,把露出来的葡萄皮压进,让葡萄皮得到葡萄汁液的充分侵泡。

(5)渣、液分离,二次发酵:经过5~7天,发酵逐渐转为平缓,葡萄皮浮在上面,颜色由深变浅,葡萄籽和大部分葡萄肉的残渣沉在瓶底,此时就应该把残渣和酒液分离。具体办法是先用虹吸管将中间的酒液吸出,然后把残渣装进布袋或纱布,用手由轻到重的挤压,再像拧衣服一样拧,使残渣中的酒液基本流净。最后把所有的酒液混合在一起,装进广口瓶继续发酵。此时酒液很混浊,大可不必介意。

(6)过滤澄清:第二次发酵时间大约为1个星期,此时酒液已经澄清,也不再升起气泡。这时可对瓶内酒液进行一次过滤,用虹吸管先把上面的酒液吸出,然后对含有残渣和酒泥的部分过滤,装进瓶中静置。如果想让葡萄酒有晶莹剔透的感觉,则可以用鸡蛋清对其进一步澄清。具体操作办法是将鸡蛋(30升原酒一个鸡蛋)磕一个小孔,把蛋清倒进大碗,用筷子将蛋清快速打成泡沫状。之后用酒液将蛋清泡沫冲进广口瓶,用勺子将广口瓶中的酒液充分搅拌,接着静置2个星期。

(7)酌量加糖:在国内葡萄酒生产中,占80%以上是甜葡萄酒,大多数人习惯饮用甜葡萄酒。甜葡萄酒多在餐后饮用,是一种营养价值高、口味颇佳的含酒精饮料,但常见葡萄含糖量达不到要求,多采用在发酵间或发酵后加糖的方法来补充。一般加糖量为12%~14%,溶解白砂糖同样用原酒搅拌溶解。

(8)自然陈酿:通过以上过程,利用鲜葡萄自酿出具有葡萄果色及优美葡萄酒香,酸甜适口的葡萄酒。如果不马上饮用,可装瓶密封,置于15~20℃的条件下,保存几个月。在保存中,葡萄酒自然陈酿,发生了酯化作用和综合作用,使葡萄酒变得更加透明、芳香醇厚、稳定。启封后,每一次舀出葡萄酒后,别忘盖好酒坛的盖子,以免酒味挥发。

附录　石硫合剂及波尔多液的配制

一、石硫合剂的熬制及使用方法

石硫合剂是一种优良的全能矿物源农药,既杀虫、杀螨又杀菌,既杀卵又杀成虫,且低毒无污染,病虫无抗性,是绿色食品生产推荐使用农药之一。它对螨类、蚧类和白粉病、腐烂病、锈病都有良好的杀灭和防治效果。在众多的杀菌剂中,石硫合剂以其取材方便、价格低廉、效果好、对多种病菌具有抑杀作用等优点,被广大果农所普遍使用。

1. 石硫合剂的熬制

石硫合剂是由生石灰、硫黄和水熬制而成的,三者最佳的比例是 1∶2∶10,即生石灰 1 千克、硫黄 2 千克、水 10 千克。熬制时,首先称量好优质生石灰放入锅内,加入少量水使石灰消解,然后加足水量,加温烧开后,滤出渣子,再把事先用少量热水调制好的硫黄糊自锅边慢慢倒入,同时进行搅拌,并记下水位线,然后加火熬煮,沸腾时开始计时(保持沸腾 40～60 分钟),熬煮中损失的水分要用热水补充,在停火前 15 分钟加足。当锅中溶液呈深红褐色、渣子呈蓝绿色时,则可停止加热。进行冷却过滤或沉淀后,清液即为石硫合剂母液,用波美比重计测量度数,表示为波美度,一般可达 25～30 波美度。在缸内澄清 3 天后吸取清液,装入缸或罐内密封备用,应用时按石硫合剂稀释方法兑水使用。

2. 稀释方法

最简便的稀释方法是重量法和稀释倍数法两种。

(1)重量法:可按下列公式计算。

原液需要量(千克)＝所需稀释浓度÷原液浓度×所需稀释液量

例如:需配 0.5 波美度稀释液 100 千克,需 20 波美度原液和水量为:

原液需用量＝0.5÷20×100＝2.5(千克)

即需加水量＝100 千克－2.5 千克＝97.5(千克)

(2)稀释倍数法

稀释倍数＝原液浓度÷需要浓度－1

例如:欲用 25 波美度原液配制 0.5 波美度的药液,稀释倍数为:稀释倍数＝25÷0.5－1＝49。即取一份(重量)的石硫合剂原液,加 49 倍重量的水混合均匀即成 0.5 波美度的药液。

3. 注意事项

(1)熬制石硫合剂时必须选用新鲜、洁白、含杂物少而没有风化的块状生石灰;硫黄选用金黄色、经碾碎过筛的粉末,水要用洁净的水。

(2)熬煮过程中火力要大且均匀,始终保持锅内处于沸腾状态,并不断搅拌,这样熬制的药剂质量才能得到保证。

(3)不要用铜器熬煮或贮藏药液,贮藏原液时必须密封,最好在液面上倒入少量煤油,使原液与空气隔绝,避免氧化,这样一般可保存半年左右。

(4)石硫合剂腐蚀力极强,喷药时不要接触皮肤和衣服,如接触应速用清水冲洗干净。

(5)石硫合剂为强碱性,不能与肥皂、波尔多液、松脂合剂及遇碱分解的农药混合使用,以免发生药害或降低药效。

(6)喷雾器用后必须喷洗干净,以免被腐蚀而损坏。

(7)夏季高温(32℃以上)期使用时易发生药害,低温(4℃以下)时使用则药效降低。发芽前一般多用5波美度药液,而发芽后必须降至0.3~0.5波美度。

二、波尔多液的配制及使用方法

波尔多液是用硫酸铜和石灰加水配制而成的一种葡萄园经常使用的预防保护性的无机杀菌剂,一般现配现用。主要在病害发生以前使用,它对预防葡萄黑痘病、霜霉病、白粉病、褐斑病等都有良好的效果,但对预防白腐病效果较差。

1. 配制方法

在葡萄生长前期多用200~240倍半量式波尔多液(硫酸铜1千克,生石灰0.5千克,水200~240千克);生长后期可用200倍等量式波尔多液(硫酸铜1千克,生石灰1千克,水200千克),另加少量黏着剂(10千克药剂加100克皮胶)。配制波尔多液时,硫酸铜和生石灰的质量及这两种物质的混合方法都会影响到波尔多液的质量。配制良好的药剂,所含的颗粒应细小而均匀,沉淀较缓慢,清水层较少;配制不好的波尔多液,沉淀很快,清水层也较多。

配制时,先把硫酸铜和生石灰分别用少量热水化开,用1/3的水配制石灰液,2/3的水配制硫酸铜,充分溶解后过滤并分别倒入2个容器内,然后把硫酸铜倒入石灰乳中;或将硫酸铜、石灰乳液分别在等量的水中溶解,再将两种溶液同时慢慢倒入另一空桶中,边倒边搅(搅拌时应以一个方向,否则易影响硫酸铜与石灰溶液混合和降低药效),即配成天蓝色的波尔多液药液。

2. 注意事项

(1)必须选用洁白成块的生石灰；硫酸铜选用蓝色有光泽、结晶成块的优质品。

(2)配制时不宜用金属器具，尤其不能用铁器，以防止发生化学反应降低药效。喷雾器用后，要及时清洗，以免腐蚀而损坏。

(3)硫酸铜液与石灰乳液温度达到一致时再混合，否则容易产生沉降，降低杀菌力。

(4)药液要现用现配，不可贮藏，同时应在发病前喷用。

(5)波尔多液不能与石硫合剂、退菌特等碱性药液混合使用。喷施石硫合剂和退菌特后，需隔10天左右才能再喷波尔多液；喷波尔多液后，隔20天左右才能喷施石硫合剂、退菌特等农药，否则会发生药害。

(6)波尔多液是一种以预防保护为主的杀菌剂，喷药必须均匀细致。

(7)阴天、有露水时喷药易产生药害，故不宜在阴天或有露水时喷药。

参 考 文 献

1. 刘崇怀,张亚冰,潘兴,等.葡萄早熟栽培技术手册.北京:中国农业出版社,2004

2. 修德任,周荣光,等.葡萄优良品种及其丰产技术.北京:中国林业出版社,2001

3. 晁无疾.葡萄优质高效栽培指南.北京:中国农业出版社,2000

4. 吕湛.葡萄优质丰产栽培.北京:科学技术文献出版社,2001

5. 严大义,才淑英.葡萄生产技术大全.北京:中国农业出版社,1997

6. 李知行,黎彦,郭兆年.葡萄病虫害防治.北京:金盾出版社,1992

7. 刘捍中,刘凤之.葡萄优质高效栽培.北京:金盾出版社,2001

8. 贺普超.葡萄学.北京:中国农业出版社,1999

9. 刘捍中,程存刚.怎样提高葡萄栽培效益.北京:金盾出版社,2008

10. 赵常青,吕义,刘景奇.无公害鲜食葡萄规范化栽培.北京:中国农业出版社,2008

向您推荐